03 055

Die deutschen Schnellzug-Dampflokomotiven

Volle Anstrengung auf einer leichten Steigung. 01 2066 in der Morgenkühle des 10. Dezember 2016 zwischen München-Laim und Heimeranplatz.

Andreas Knipping

Die deutschen Schnellzug-Dampflokomotiven

Große Technik auf hohen Rädern

GeraMond

Die durch unermüdliche Vereins-
initiative buchstäblich aus einem
Schrotthaufen wiederaufgebaute
01 2066 genießt nun schon ein
Vierteljahrhundert aktiven neuen
Lebens wie hier am 6. Dezember 2019
in München.deutschen Grenze.
Bild: Andreas Knipping

Vorwort

Im Mai 1968 waren meine Mutter und ich zu einer Konfirmationsfeier nach Genthin an der Strecke Berlin–Magdeburg eingeladen. Noch war es selbstverständlich, dass der nächtliche Interzonenzug von Regensburg nach Hof mit einer 01 bespannt war. Wenn ich das Fenster öffnete, wurde mir ein Spektakel von Auspuffschlag und Funkenflug zuteil. Nach der Familienfeier in Genthin spazierten wir durch das nachtschlafende Städtchen wieder zur Wohnung meiner Großmutter, die uns wie eh und je beherbergte. Die Schranken des Bahnübergangs Poststraße waren wie fast immer geschlossen. Es ging auf Mitternacht zu. Ich hatte bei früheren Reisen an diesem Bahnübergang schon unzählige Zugfahrten beobachtet, aber ich werde nie vergessen, mit welchem optischen und akustischen Blitz von wirbelndem Rot, aufglänzendem Schwarz und rasendem Auspuff eine 01 auf ihrem Wege von Berlin nach Helmstedt mit ihrem Schlafwagenzug in die Stille und Dunkelheit der Straße einbrach. Solche Erinnerungen aus Kindheit und Jugend begleiten meine reisende, fotografierende, sammelnde und schreibende Beschäftigung mit dem Eisenbahnwesen nun schon bis an die Schwelle des Alters. Wie für die meisten Eisenbahnfreunde haben Schnellzugdampflokomotiven auch für mich immer einen ganz besonderen Rang behalten. Es ist mir eine Ehre, ihre Geschichte hier komprimiert darzustellen. Als Herausforderung erkannte ich es nicht, die in den letzten Jahrzehnten des Dampfbetriebes erlebten Gattungen noch einmal wort- und bildreich zu feiern, sondern Verständnis für die lange Entwicklungsgeschichte zu wecken, aus der heraus die uns noch bekannten Konstruktionen überhaupt möglich waren.

Andreas Knipping

Interzonenverkehr
Bis 1973 war die Erfurter 01.05 für den Interzonen- und Berlin-Verkehr nach Bebra zuständig. 01 0520 verlässt im März 1972 den Hönebacher Tunnel wenige Kilometer westlich der innerdeutschen Grenze. Bild: Andreas Knipping

Ein Wort zur Schreibweise: Die Laufachsen und Drehgestelle so gut wie aller vier- und mehrachsigen Lokomotiven waren beweglich gelagert, so dass die Radsatzfolgen mit Apostroph nach dem Muster 2'B oder 2'C1' anzugeben wären. Zur Platzersparnis und im Interesse der besseren Lesbarkeit verzichte ich hierauf und begnüge mich mit 2B und 2C1.

Inhalt

S. 14

S. 77

S. 101

S. 142

Hei, da fliegen sie von dannen, auf den schmalen Eisenschienen …

Vom Kohlenzug zur Eilfahrt auf der Bahn

Die Zeile aus einem Gedicht von 1848 erinnert an den ungeahnten Aufbruch in die große Mobilität. Für den Transport von Kohle und Erz entwickelt, erschloss sich das flexible neue Transportsystem der Eisenbahn sehr schnell auch das Geschäftsfeld des Personenverkehrs. Das aufblühende Universum der Fabriken, Bergwerke, Hochöfen und Überseehäfen und der in ihrem Sog entstehenden Banken, Börsen, Handelshäuser, Interessenverbände und Bildungsstätten nötigte immer mehr Unternehmer, Ingenieure, Bankiers, Beamte, Rechtsanwälte, Professoren und Journalisten zur Fernreise irgendwo zwischen Residenzstadt, Fabrik, Bergwerk, Bank, Universität und Zeitungsverlag oder zwischen einflussreichem Herrenclub und geldschwerem Adelshaus.

Ganz neu war als massenhafte Erscheinung auch, dass Söhne aus Regensburger, Posener, Koblenzer oder Linzer Familie oder aus dem Bauerndorf ihre berufliche Lebensstellung – und vielleicht auch die Frau fürs Leben – weit weg in den pulsierenden Zentren von Essen, Stettin, Mannheim, Hamburg, Nürnberg, Mährisch Ostrau oder Kattowitz fanden. Damit erst wurde die Reise aus familiären Anlässen zu Taufe, Firmung oder Konfirmation, zu Hochzeit, Geburtstag oder gemeinsamer Weihnacht und schließlich zur Beerdigung eines lieben Verwandten zum verkehrsökonomisch bedeutsamen Faktor, und damit erst erhielt die Fernreise jenseits beruflicher Notwendigkeiten ihren emotionalen Stellenwert.

Emotionale Motive waren es nebst gesundheitlichen Rücksichten auch, die eine weitere neue Form des Reisens massenwirksam werden ließen, nämlich die Urlaubsreise in jene ländliche Idylle, die mit dem Industriezeitalter zum so bedrohten wie idealisierten Sehnsuchtsort wurde. Mit der dringend notwendigen Erholung vom Lärm und Ruß der Städte gewann sie eine eminent bedeutsame soziale und gesundheitspolitische Funktion. Viel zu spät wurde sie erst im zweiten Drittel des 20. Jahrhunderts massenhaft auch der Arbeiterschaft zuteil. Ein ernstes Kapitel der Fernreise war die Fahrt in die möglichst hoch gelegenen Luftkurorte und Lungenheilstätten. Bevor in den 1950er-Jahren die effektive Behandlung der Tuberkulose mit Antibiotika möglich wurde, wusste die Medizin keinen anderen Rat, als die betroffenen Patienten in eine monate- oder jahrelange Therapie der Schonung und der guten Luft zu schicken. Der Bau entsprechender Heilstätten und die Verschickung auch der Arbeiter dorthin gehört zu den sozialpolitischen Großtaten schon der Kaiserzeit. Freilich: ein großer Teil der Patienten starb in Beelitz, Brilon Wald oder Clausthal-Zellerfeld oder auf den Zauberbergen der Schweiz.

Die Eisenbahn-Idylle
(links oben) Die Schnellzuglokomotive betritt ein noch biedermeierliches Deutschland – und wird zu seinem Aufbruch in die Moderne beitragen. Eine „Crampton" rangiert im Bahnhof Altona der Altona–Kieler Eisenbahn.

Das schwarze Gold
(ganz links) Am Anfang allen Eisenbahnwesens steht die Kohle! Ohne das schwarze Gold aus den Tiefen Englands, Nordfrankreichs, des Ruhrgebiets, des Saarreviers und Oberschlesiens hätten unsere Vorfahren keine Schiene walzen, keine Lokomotive bauen und keinen Zug betreiben können. Bild: Franz Ullmann

Benannt nach einem Förderer der Industrie
(links) Als Borsig 1844 seine erste 1A1 mit dem Namen BEUTH für die Berlin–Anhalter Eisenbahn baute, war die Evolution noch nicht bis zur Aufspaltung in Schnell-, Personen- und Güterzuglokomotiven gediehen. Aber Grundelemente wie hier die Zylinder, die Treibstange und das Treibrad blieben dem Lokomotivbau für die nächsten eineinhalb Jahrhunderte erhalten. Bild: Andreas Knipping

Selbstverständlich erlebte der aus einigen zwei- oder dreiachsigen Wagen zusammengestellte Post- oder Courierzug erst allmählich seine Ausreifung. Noch lange hielten die Bahnverwaltungen am Grundaufbau der auf ein gemeinsames Fahrgestell gesetzten Kutschengehäuse fest. Auch wenn der Wagenkasten nun als einheitliche Konstruktion gezimmert, verglast, innerlich mit Leder und Stoff beschlagen und oben mit teergetränkter Leinwand abgedichtet wurde, bestand der Fahrgastraum doch aus separaten Abteilen mit Türen nur nach außen. Kleine Öfen sorgten im Winter für Wärme. Zu Zeiten einer auch in den Wagenklassen manifestierten Klassengesellschaft wünschten adelige Herrschaften, Minister, Diplomaten, Generäle oder gar alleinreisende Damen von Rang auf der ohnehin noch etwas unheimlichen Reise keinesfalls Unteroffizieren, Handlungsreisenden, vorlauten Emporkömmlingen aus den Ingenieurschulen oder gar neugierigen Zeitungsschreibern zu begegnen. Bezeichnenderweise wurde in den republikanisch gesonnenen USA von Anfang an der klassenlose Großraumwagen üblich. Die Bindung ans Abteil machte freilich den häufigen und auch längeren Zwischenhalt der Züge erforderlich. Da wollte zur Mittagsstunde im Bahnhofsrestaurant gespeist werden, und da wollten schließlich allernatürlichste Bedürfnisse befriedigt werden. Endlich mit Kerzenbeleuchtung oder Petroleumfunzeln leuchtet uns der frühe Schnellzug in recht schwachem Licht aus der Vergangenheit herüber. Wir betrachten nun seine Lokomotive auf immer schnellerer Fahrt durch Jahrzehnte der Mobilität!

Briefverschlussmarken
Die ursprünglich als Selbstorganisation einer Berufsgruppe gegründete Deutsche Eisenbahn-Versicherungskasse betätigte sich auf dem Gebiet der heute völlig vergessenen Briefverschlussmarken. Dem berühmten ADLER von 1835 folgt eine der für den Personen- und Schnellzugdienst weit verbreiteten 1A1, wobei das Jahr 1870 allerdings schon für den Auslauf dieser Bauform steht.

Definition der Schnellzuglok: große Räder!

Um die Arbeitsgeschwindigkeit der Dampfmaschine in beherrschbaren Grenzen zu halten, musste man einer schneller fahrenden Lokomotive größere Antriebsräder geben. Deshalb war die „hochbeinige“ Schnellzuglok stets von der kleinrädrigen Güterzug- oder Nebenbahnlokomotive oder der Personenzuglok mittelgroßen Treibraddurchmessers zu unterscheiden. In Europa kann man die Trennlinie zur Schnellzuglok zuverlässig mit einem Durchmesser der angetriebenen Räder von 1.800 mm ziehen.

Bei vorgegebener maximaler Belastbarkeit des Gleises durch einen Radsatz und dem physikalisch begrenzten Reibungswert zwischen Rädern und Schienen erfordern jede Steigerung von Größe und Gewicht der Maschine und jede Erhöhung der Zugkraft die Verteilung der Last auf immer mehr Radsätze. Der Konstrukteur hatte anhand der zulässigen Achsfahrmasse eine notwendige Zahl von Radsätzen zu bestimmen, um das in Abhängigkeit von den Zuglasten und dem Steigungsprofil der Strecke ermittelte notwendige Reibungsgewicht zu erhalten. Gerne hätte man das gesamte Gewicht der Lok als Reibungsgewicht auf die Schienen gelegt, doch bestand ein Grundproblem der Dampflokomotive darin, dass sich die Gewichte von Vorräten, Kessel, Triebwerk und Hilfseinrichtungen meist zu einer Tonnenlast weit oberhalb des notwendigen Reibungsgewichts addierten. Es war also unvermeidbar, „totes Gewicht“ auf antriebslosen Radsätzen der Lokomotive und des Tenders mitzuführen.

Dampflokomotive im Biedermeier
Auch wenn uns der legendäre in England gebaute ADLER der Nürnberg–Fürther Ludwigsbahn spielzeughaft vorkommt, entsprach die Lok als zweizylindrige 1A1 mit Stehkessel, Langkessel, Rauchkammer und hohem Schornstein doch schon dem für Jahrzehnte gültigen Baumuster. Die Eisenbahn ist ins Biedermeier eingebrochen – und wird den Ausbruch ins Industriezeitalter beflügeln.

Folgende Seite: Die Systematik der alten Dampfloks
Die ernsthafte Erforschung der Lokomotivgeschichte ist älter als die Eisenbahnfotografie. Diese Bleistiftzeichnungen erfassen ein Stück Chronologie der zwischen Berlin, Königsberg und der russischen Grenze arbeitenden königlich-preußischen Ostbahn. Oben links sehen wir die Nr. 36 von Borsig aus dem Jahre 1853, eine typische 1B mit 1.820 mm großen Antriebsrädern. Noch immer gab es kein Führerhaus und das Personal stand bei Wind und Wetter im Freien. Insoweit fortschrittlich stellt sich links unten die Bauart 104-108 ebenfalls aus dem Hause Borsig dar, eine 1A1 von 1857 mit 1.981 mm großen Treibrädern.

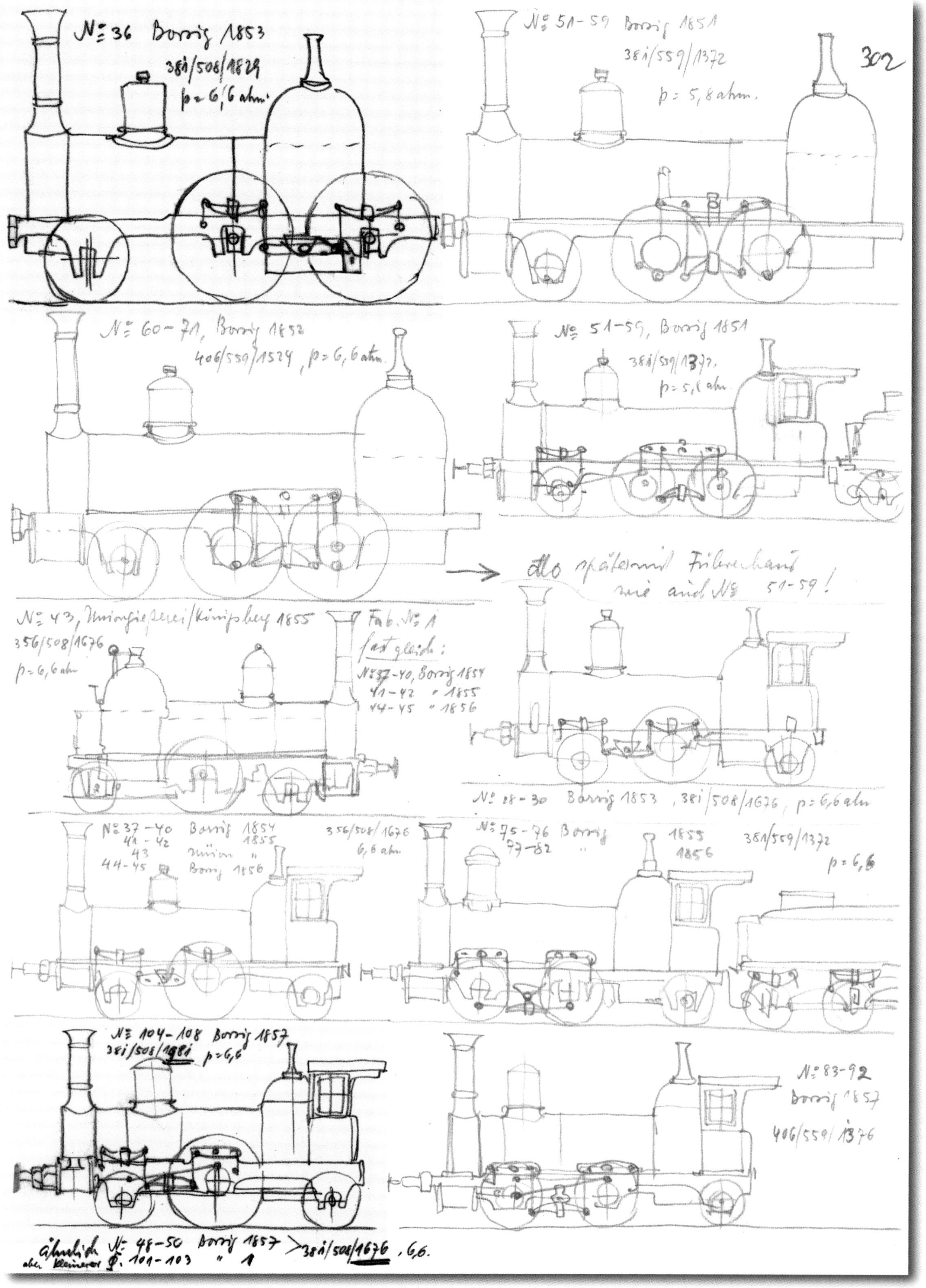
№ 36 Borsig 1853
381/508/1829
p=6,6 atm
№ 51-59 Borsig 1851
381/559/1372
p=5,8 atm.
302
№ 60-71, Borsig 1852
406/559/1524, p=6,6 atm.
№ 51-59, Borsig 1851
381/559/1372
p=5,8 atm
dto später mit Führerhaus
wie auch № 51-59!
№ 43, Uniongießerei/Königsberg 1855
356/508/1676
p=6,6 atm
Fab. № 1
fast gleich:
№ 37-40, Borsig 1854
41-42 " 1855
44-45 " 1856
№ 28-30 Borsig 1853, 381/508/1676, p=6,6 atm
№ 37-40 Borsig 1854
41-42 1855
43 Union "
44-45 Borsig 1856
356/508/1676
6,6 atm.
№ 75-76 Borsig 1855
77-82 " 1856
381/559/1372
p=6,6
№ 104-108 Borsig 1857
381/508/1981 p=6,6
№ 83-92
Borsig 1857
406/559/1376
ähnlich № 48-50 Borsig 1857 > 381/508/1676, 6,6.
aber kleiner № 101-103 " 1

Stichwort: Die Besteller

Dampfschnellzuglokomotiven beschafften in Deutschland zunächst in großer Zahl die Privatbahnen in Nord- und Westdeutschland. Das waren die Aachen–Düsseldorf–Ruhrorter, Aachen–Maastrichter, Altona–Kieler, Bergisch-Märkische, Berlin–Anhaltische, Berlin–Dresdner, Berlin–Hamburger, Berlin–Potsdam–Magdeburger, Berlin–Stettiner, Braunschweigische, Breslau–Warschauer, Cöln–Mindener, Frankfurt–Bebraer, Frankfurt–Hanauer, Halle–Casseler, Magdeburg–Halberstädter, Magdeburg–Leipziger, Magdeburg–Wittenberger, Nassauische, Niederschlesisch-Märkische, Oberschlesische, Rheinische, Saarbrücker, Schleswigsche, Stargard–Posener, Thüringische und Westfälische Eisenbahn, die Hannöversche Staatsbahn, die Hessische Ludwigsbahn, die Main-Neckar-Bahn, die Main-Weser-Bahn, die Königliche Ostbahn, die Rechte Oderufer-Eisenbahn, die Rhein-Nahe-Eisenbahn, die Niederschlesische Zweigbahn, die Taunusbahn und die Wilhelmsbahn. Mehr als 50 Schnellzugloks besaßen hiervon die Hannöversche Staatsbahn (114), die Bergisch-Märkische Eisenbahn (106 Loks von einem Gesamtvolumen von 963), die Oberschlesische Eisenbahn (101), die Königliche Ostbahn (73), die Berlin–Anhaltische Eisenbahn (68), die Niederschlesisch-Märkische Eisenbahn (68 Loks von einem Gesamtvolumen von 869), die Cöln–Mindener Eisenbahn (67), die Berlin–Potsdam–Magdeburger Eisenbahn (57) und die Rheinische Eisenbahn (52). Es kann nicht verwundern, dass die extreme Hochkonjunktur in der zweiten Hälfte der Kaiserzeit im wirtschaftlich besonders dynamischen Preußen mit einer Erstreckung von den saarländischen Kohlegruben bis zu den oberschlesischen Zechen und von Aachen über das stahlkochende Ruhrgebiet und Berlin bis Ostpreußen auch in der Lokomotivbeschaffung besonders hervortrat. 1879–1904 wurden die norddeutschen Privatbahnen zur Königlich-Preußischen Eisenbahnverwaltung (KPEV) verstaatlicht, der damals größten Bahnverwaltung der Welt. In Süddeutschland verlief die Verwaltungsgeschichte der Eisenbahnen anders. Eine Epoche des Privatkapitals fehlte hier bis auf wenige bayerische und sächsische Episoden. Wir betrachten von Anfang an Staatsbahnen in Baden, Bayern, Sachsen und Württemberg. Ab 1920 (und noch bis 1938) gab es außerhalb der Deutschen Reichsbahn mit der Lübeck–Büchener Eisenbahn nur noch eine Eisenbahn mit Schnellzugbetrieb. Die Reichsbahn behielt nach 1945 in der sowjetischen Zone, nachmals DDR, und in den vier Sektoren von Berlin ihren Namen. In der Bundesrepublik Deutschland firmierte sie ab 1949 als Deutsche Bundesbahn.

BESTELLER VON SCHNELLZUGLOKS

Betreiber	Stück
In der KPEV aufgegangene nord- und westdeutsche Bahnen	1.181
KPEV	3.456
Bayerische Ostbahn	30
K.Bay.Sts.B. (einschließlich Nachbauten bayerischer Typen in der Reichsbahnzeit)	570
K.Sä.Sts.B.	267
Pfalzbahnen	89
Lübeck–Büchener Eisenbahn	22
K.Württ.Sts.B.	174
Ghzl.Bad.Sts.B.	243
Deutsche Reichsbahn	571
Deutsche Bundesbahn	2
Summe	**6.602**

Kreativität in Achsfolgen: Von der 1A1 zum Welterfolg 2B

Vom Dampfwagen zur 1A1

Die Engländer, die im beginnenden 19. Jahrhundert als erste die aus Bergbau und Industrie nicht mehr wegzudenkende Dampfmaschine auf Räder setzten, bauten erst einmal den schlichten vierrädrigen „Dampfwagen". Anfängliche Sorgen über eine zu geringe Reibung der schmalen Treibräder auf den glatten Schienen erwiesen sich als unbegründet, weil sich der mathematisch definierte Punkt der tangentialen Berührung zwischen der kreisförmigen Lauffläche und der waagerechten Schiene in Wirklichkeit als eine auch noch so kleine Berührungsfläche zwischen den stählernen Körpern in einer mit dem Auge selbstverständlich nicht sichtbaren und ständig wandernden Walkbewegung darstellt. Deshalb konnte man sich zunächst mit dem Antrieb eines Radsatzes begnügen. Die Achsfolgen A1 und 1A waren geboren. Schon bald war man mit der Laufruhe solcher Lokomotiven nicht mehr zufrieden und trennte ab 1833 die führende und tragende Funktion kleiner Laufräder von der Antriebsfunktion der großen Räder und rahmte den Treibradsatz zwischen zwei Laufradsätze ein. Stephenson hatte damit die 1A1, genannt „Patentee", geschaffen. Sie erwies sich bereits als außerordentlich entwicklungsfähig und wurde jahrzehntelang vergrößert und verbessert. Auch die erste 1835 nach Deutschland gelieferte Lok, der „ADLER" für die Ludwigseisenbahn Nürnberg–Fürth, gehörte dieser Type an. Fast jede europäische Bahnverwaltung zwischen 1835 und etwa 1870 beschaffte anfangs ausschließlich und später jedenfalls zu einem erheblichen Teil 1A1-Lokomotiven. Als sich von den 1850er-Jahren an immer deutlicher eine Aufteilung des anfänglichen gemischten Dienstes in den schnelleren Reiseverkehr, den lokalen Personenverkehr und den Güterverkehr herausbildete, blieb der Erstgenannte eine Domäne der 1A1. Die ersten Schnellzugloks der Welt hatten diese Achsfolge.

Probleme der Long-Boiler-1A1

Um die Leistungen der Lokomotiven zu erhöhen, musste man den Heizwert der Kohle besser ausnutzen. Hierzu war es unabdingbar, die anfangs sehr kurzen Rohre durch den Langkessel zu verlängern, um mehr Raum und Zeit für den Übertritt von den abströmenden Gasen in das umgebende Wasser zu gewinnen. Wie schon bei mehreren anderen Inno-

Sächsischer „Gustav Harkort"
(rechts oben) Nur ganz wenige 1A1 erreichten betriebsfähig die Ära der lebendigen Fotografie mit einigermaßen kurzen Belichtungszeiten. Die GUSTAV HARKORT der Kgl. Sächs. Sts.B. wurde 1856 gebaut und fuhr immerhin bis 1902. Das Führerhaus ist eine Zutat aus späteren Jahren.

Jubiläumslok
(rechts) Stolze Handwerker begleiten 1858 die 1000. von Borsig gebaute Lokomotive, eine 1A1 mit 1.981 mm großen Rädern für die Cöln–Mindener Eisenbahn. Lokomotivbau ist noch Handwerk und noch nicht Industriefertigung.

Sächsische Veteranin „Boehlen"
(ganz rechts) Das Bild der ebenfalls sächsischen BOEHLEN (1858–1901) zeigt uns wichtige Baumerkmale für Schnellzuglokomotiven ihrer Zeit. Die hintere Laufachse ist in Abkehr von der Longboiler-Bauart bereits hinter den Stehkessel gerückt. Noch erhebt sich über der Feuerbüchse die später als wärmewirtschaftlich unergiebig erkannte Kuppel. Im Sinne einer zeitweise geplanten musealen Erhaltung der Lok hat man ihr Führerhaus demontiert und die unglaublichen Arbeitsbedingungen der Frühzeit rekonstruiert.

GUSTAV HARKORT

1000
BURGER

BOEHLEN

Bayerischer Standard
Für Länderbahnen mit hügeligen Strecken galten etwas andere Maßstäbe. So war die A V von 1853 mit nur 1.676 mm Treibraddurchmesser die erste in Bayern ausdrücklich für Schnellzüge bestimmte Lokomotive.

vationsschritten war es auch diesmal George Stephenson, der bei der 1A1 die erhebliche Verlängerung der Rohre wagte, beispielsweise von 2.743 mm auf 3.962 mm und später sogar 4.267 mm. Bei dieser Verlängerung des Kessels ergaben sich freilich beiderseitige Überhänge. Zylinderpartie und Rauchkammer ragten vorne und der Stehkessel hinten über das kurze dreiachsige Laufwerk. Diese Bauart mit alsbald festgestellten schlechten Laufeigenschaften ging als „Longboiler“ in die Technikgeschichte ein. Bei einem Schnellfahrversuch in England entgleiste 1845 eine Longboiler-1A1 bei 77 km/h und kippte um. Am 21. Januar 1851 entgleiste auf der Cöln–

BESCHAFFUNG GROSSRÄDRIGER 1A1

Betreiber und Hersteller	Stück
Die später zur KPEV verstaatlichten nord- und westdeutschen Bahnen von Borsig, Egestorff, Gute Hoffnungshütte Sterkrade, Henschel, Karlsruhe, Kessler, Ruffer, Schichau, Stephenson, Vulcan, Werkstatt Dortmund der Cöln–Mindener Eisenbahn und Wöhlert 1838–1875	288
K.Sä.Sts.B. von Hartmann und Borsig 1856–1868	31
Bayerische Ostbahn von Maffei 1859	12
Ghzl. Bad.Sts.B. von Kessler, Meyer, Hartmann und Stephenson 1844–1848 (für 1.600 mm Breitspur, später auf Normalspur umgebaut)	31
Einsatz bis etwa 1895	

Mindener Eisenbahn bei Gütersloh die Longboiler-1A1 eines Zuges, in dem der preußische Kronprinz Friedrich Wilhelm, der spätere Kaiser Friedrich III., reiste. Das Unglück forderte drei Todesopfer und zahlreiche Verletzte. Das Ergebnis anschließender Versuche war ein generelles Verbot der Longboilermaschinen für schnell fahrende Züge. Die Bahnen behalfen sich mit dem alsbaldigen Umbau vieler Lokomotiven, nämlich mit der Verlegung des hinteren Laufradsatzes hinter den Stehkessel. Erstaunt stellte man fest, dass die hintere Verlängerung des Achsstandes von etwa 2.900 mm auf 4.400–4.500 mm auch im Gleisbogen keinerlei Probleme bewirkte und ganz im Gegenteil die Laufruhe durchwegs verbesserte. Den Sieg bei den preußischen Untersuchungen trug jedoch eine 2A der Bauart Crampton davon, die auch mit 112 km/h noch tadellos lief. Die 1A1 wurde nun unter Abkehr von der Longboiler-Variante mit hinterem Laufradsatz hinter dem Stehkessel, mit außen liegenden Triebwerken und mit waagerechten Zylindern gebaut. Bevor die Zuggewichte im letzten Drittel des 19. Jahrhunderts heftig anstiegen, war mit Schnellzuglokomotiven dieser Art gut auszukommen. Entsprechendes galt für Personenzugloks mit Treibraddurchmessern zwischen 1.524 und 1.753 mm.

Eine Crampton in der bayerischen Pfalz
Die pfälzische MAXBURG, 1855 von der Maschinenfabrik Karlsruhe gebaut, besaß in späteren Betriebsjahren schon ein relativ brauchbares Führerhaus. Schon 1872 wurde sie ausgemustert.

PHOENIX mit Schnellzug
Farbfotos von Lokomotiven des 19. Jahrhunderts gibt es nicht. Eisenbahntechnische Fachkunde und künstlerische Begabung des Malers helfen uns über diesen Mangel hinweg und verhelfen uns zur realistischen Ansicht eines badischen Schnellzuges der 1860er-Jahre mit einer ausgereiften Crampton-Lok. Die PHOENIX fuhr von 1863 bis 1890 und steht heute im DB-Museum Nürnberg. Ein Aquarell von Heribert Schröpfer (1928–2017).

PHOENIX

Die PHOENIX wird Museumslok
Die beiden vorderen Laufachsen der Crampton garantierten gute Laufeigenschaften, doch wirkte auf den Treibradsatz nur ein geringes Reibungsgewicht. Die badische PHOENIX aus dem Jahre 1863 war ein Umbau aus einer älteren 1A1. An den Treibraddurchmesser von 2.145 mm kamen nur wenige spätere Konstruktionen heran.

BESCHAFFUNG GROSSRÄDRIGER 2A

Betreiber und Hersteller	Stück
Die später zur KPEV verstaatlichten nord- und westdeutschen Bahnen von Borsig, Egestorff, Esslingen, Karlsruhe und Wöhlert 1852-56	78
Ghzl. Bad.Sts.B. von MBG Karlsruhe und HW Karlsruhe 1854-64	29
Pfalzbahnen von Maffei und Esslingen 1853-64	18
Bayerische Ostbahn von Maffei 1857-58	12
Einsatz bis etwa 1890	

Cramptons 2A

Der dargestellten „Longboiler“-Problematik und dem anfänglichen Dogma der möglichst niedrigen Schwerpunktlage war eine eigenwillige Bauform zu verdanken: Der Engländer Thomas Russell Crampton (1816–1888) ordnete beide Laufradsätze vorne an und platzierte den Treibradsatz hinter dem Stehkessel. Dadurch wurde eine sehr tiefe Kessellage möglich. Zugleich konnte man mit den empfehlenswerten langen Treibstangen arbeiten, ohne die Zylinder nach vorne überhängen zu lassen. Nachteil der Bauart Crampton war, dass der weitaus größte Teil des Lokgewichtes auf den Laufachsen und nur ein kleiner Teil auf der unter dem Führerstand verlaufenden Treibachse lastete. Vor Zügen von manchmal noch kaum 100 t bewährte sich die Crampton gut. Mit ihrer Herausbildung haben wir einen weiteren Schritt in der Entwicklung der Schnellzuglokomotive zu verbuchen. War die Bauart 1A1 von der Gemischtzuglok bis zur Schnellzuglok ausreifbar, so war die 2A die erste ausschließlich dem Schnellzugdienst gewidmete Type der internationalen Lokomotivgeschichte. Schon das erste Exemplar erreichte 1842 auf einer Probefahrt in England 120 km/h. Die Crampton fand Verbreitung bei mehreren deutschen Bahnen zwischen Bayern und Ostpreußen, wurde aber vor allem in Frankreich zu ihrer höchsten Vollendung gebracht. Von den 1860er-Jahren an ließ die allmähliche Steigerung der Zuggewichte den Stern aller ungekuppelten Loks und damit auch den der Crampton sinken. Bedeutsam war auch der Schritt Cramptons zur einfachen glatten Decke des Stehkessels in Fortsetzung der Wölbung des Langkessels und damit der Abschied von kuppelförmigen Aufbauten über der Feuerbüchse.

Schmuckstück von Maffei aus München
Die von Maffei 1853 gebaute PFALZ wurde 1925 unter Verwendung von Originalteilen ausgemusterter Maschinen betriebsfähig nachgebaut und gehört heute dem Museum der Deutschen Gesellschaft für Eisenbahngeschichte in Neustadt an der Weinstraße.

Rarität 2A1

Nur bei den englischen Privatbahnen wurde die 1A1 zur 2A1 mit Treibraddurchmessern bis hinauf zu traumhaften 2.438 mm gesteigert. In Deutschland bezogen die K.Bay.Sts.B. 1896 gerade einmal eine 2A1 mit der zusätzlichen Besonderheit einer zwischen Drehgestell und Treibrädern angeordneten „Vorspannachse" mit Rädern nur in Größe der Laufräder. Das separate Triebwerk für diesen Radsatz wurde nur beim Anfahren oder auf Steigungen aktiviert, bevor dann für normale Streckenfahrt die Vorspannachse von den Schienen abgehoben werden musste. Wie so viele im Prinzip interessante Innovationen scheiterte auch diese AA I an ihrem komplizierten Aufbau. 1907 wurde sie zu einer 2B umgebaut.

Klassikerin 1B

Sehr bald nach der Entscheidung für die dreiachsige Lokomotive in der Gestalt der 1A1 lag der Gedanke nahe, eine der beiden Laufachsen durch eine zusätzliche angetriebene Achse zu ersetzen. Die Achsfolgen B1 und 1B entstanden. Die erste brauchbare Lokomotive, die in Deutschland gebaut wurde, die SAXONIA von 1838, war bereits eine B1. Lokomotiven dieser Achsfolge wurden in Deutschland bis in die 1870er-

Die AA I von Krauss
Genial erdacht war die bayerische AA I, gebaut 1896 von Krauss. Eine „Vorspannachse" mit kleinen Rädern für Anfahrten und Steigungen sollte die Nachteile des geringen Reibungsgewichts der Maschine mit nur einem angetriebenen Radsatz ausgleichen. Schon 1907 wurde sie zu einer 2B umgebaut.

Für Schnellzüge nach Oberschlesien
(oben) 1867 baute Borsig diese 1B mit einem Treibraddurchmesser von 1.885 mm für die Oberschlesische Eisenbahn. Die einstmals hohe Kuppel über der Feuerbüchse ist zu einem maßvollen Gewölbe geschrumpft. Die Gegengewichte in den Treibrädern sind noch recht primitiv aufgenietet. Erst später wird man zu den in den Radkörper integrierten sichelförmigen Gewichten übergehen.

Die Herren und ihr Modell
(rechts) Zu einer Schnellzuglok fehlt der präzise im Modell dargestellten 1B ein wenig Größe der Antriebsräder. Wir erkennen aber gut den typischen Aufbau einer deutschen Dampflok um 1860.

Jahre gebaut und waren mit vorlaufenden großen Treibrädern für höhere Geschwindigkeiten nicht geeignet.
Kaum eine Achsfolge jedoch wurde häufiger verwirklicht, erlebte mehr Bauformen und fand universellere Verwendung als die 1B. Fast überall in der Welt wurde sie als kleinrädrige Güterzuglok, als Personenzuglok mittleren Raddurchmessers oder als die uns hier interessierende hochbeinige Schnellzuglok gebaut. Eine Ausnahme bildeten die USA, wo vor dem angetriebenen Radsatzpaar seit frühester Zeit ein zweiachsiges Drehgestell angeordnet wurde. Die amerikanische Insel in Deutschland war Württemberg. Hier fand die 2B (wenn auch meist mit starr gelagerten Laufachsen) frühe Beliebtheit, bis ein neuer Obermaschinenmeister in den 1860er-Jahren den Rückschritt zur 1B durchsetzte, und zwar mit solcher Konsequenz, dass sogar fast alle vorhandenen 2B in 1B umgebaut wurden. Wie die 1A1 litt auch die frühe 1B unter dem Longboiler-Problem. Da man nicht wagte, die Vorlaufachse vor die Zylindergruppe zu legen, hingen die Rauchkammer und die auf die erste Kuppelachse wirkende Dampfmaschine vorne genauso über wie hinten der Stehkessel.

Für fast alle Bauformen von der 1A1 über die 2A und B1 bis zu 1B galt im Übrigen: Über viele technische Grundfragen bestand noch Unklarheit. Den Lokomotivrahmen

Die SPREE aus Chemnitz
(oben) Die Schönheit der Vorlage rechtfertigt es, in die Galerie der 1B-Schnellzuglokomotiven wieder eine Personenzuglok derselben Achsfolge mit nur 1.525 mm großen Treibrädern einzubringen, deren Baumerkmale denen der großrädrigen Schwestern durchaus entsprachen. Die sächsische SPREE wurde 1856 von Hartmann in Chemnitz gebaut.

1B mit altertümlichem Kessel
(links) Sowohl die Wölbung über dem Stehkessel als auch der Dampfdom dieser 1B um 1865 sind nach heutigem Wissen über die Strömungsverhältnisse in den Dampfwegen überdimensioniert. Ein unauffälliges Zeichen der Modernisierung ist die Speisepumpe gleich hinter dem vorderen Radkasten. Sie ermöglichte endlich das Nachspeisen von Wasser auch im Stillstand der Maschine, nachdem die Fahrpumpe der vorherigen Jahrzehnte auch in Wartezeiten die Bewegung der Lokomotive verlangt hatte.

glaubte man anfangs im Interesse einer stabilen Führung der Radsätze meist außen anordnen zu müssen, während die gegenläufigen Kräfte der Triebwerke nur beherrschbar schienen, wenn man sie dicht nebeneinander zwischen den Rädern arbeiten ließ. Schon ab etwa 1845 obsiegte in Deutschland jedoch das Außentriebwerk. Meist blieb die Steuerung noch innen angeordnet. Für Generationen von Lokomotivpersonalen und Werkstättenarbeitern waren damit ungünstige Arbeitsbedingungen bei Schmierung und Kontrolle der Gestänge vorbestimmt.

In den 1840er-Jahren begann der Siegeszug einer weiteren Achsfolge. Bei Güterzuglokomotiven verzichtete man nun meist gänzlich auf Laufachsen, nutzte das gesamte Gewicht als Reibungsgewicht und wagte die dreifache Kupplung. Außerhalb unseres Themas sei die Anmerkung erlaubt, dass zwischen 1850 und 1890 nahezu jeder Güterzug in Europa

BESCHAFFUNG GROSSRÄDRIGER 1B

Betreiber und Hersteller	Stück
Die später zur KPEV verstaatlichten nord- und westdeutschen Bahnen Borsig, Carels, Egestorff, Esslingen, Hanomag, Hartmann, Henschel, Karlsruhe, Schichau, Schwartzkopff, Sigl, Strausberg, Union, Vulcan, Wilson und Wöhlert 1847–1890	785
KPEV von Borsig, BMAG, Henschel, Hanomag, Union, Schichau 1884–1898	274
K. Bay.Sts.B. von Maffei und Krauss 1874–1891	118
Pfalzbahnen von Grafenstaden und Maffei 1876–1884	15
Bayerische Ostbahn von Maffei 1872	6
K.Sä.Sts.B. von Hartmann 1860–1890	55
Ghzl.Meck.Sts.B. von Hartmann 1864–1869 und 1879	20
Einsatz bis etwa 1920	

hinter einer Lokomotive der Achsfolge C rollte.

Die Klassikerin für den Schnellzugdienst in Deutschland von der Mitte des 19. bis an die Schwelle des 20. Jahrhunderts war jedoch die 1B. Erstmals 1852 wurde sie genauso wie die ausgereifte 1A1 mit einem hinteren Radsatz hinter oder unter dem Stehkessel gebaut. Die dadurch erforderliche höhere Lage des Kessels verursachte keineswegs die befürchteten Mängel der Laufstabilität. Fast ausnahmslose Norm war nun die äußere Lage und waagerechte Anordnung der Zylinder. Angetrieben war stets die erste Kuppelachse. Die vordere Laufachse war

Benannt nach dem Baumeister auf dem Thron
In wunderbarem Licht zeigt die pfälzische P 1^{II} aus dem Jahre 1876 von Grafenstaden ihre 1.855 mm großen Räder. Sie trägt den Namen des mit Baudenkmälern unsterblich gewordenen bayerischen Königs Ludwig I. und wird 1912 ausgemustert werden.
Bild: Sammlung Stephan Beständig

KOENIG LUDWIG I
2

so gut wie immer zwischen Zylinderpartie und Treibachse angeordnet. Wie für die 1A1 nach Überwindung der Longboiler-Zwischenform gilt auch für die verbesserte 1B eine hervorragende Bewährung außer im Schnellzugverkehr auch im Personenzugdienst über fast ein halbes Jahrhundert. Die typischen Treibraddurchmesser bewegten sich hier zwischen 1.422 und 1.752 mm.

Um die damaligen Verhältnisse zu verstehen, dürfen wir nicht übersehen, wie der „Courier"- oder „Post"- oder Schnellzug etwa zwischen 1850 und 1885 aussah. Die Reihe der zwei- oder dreiachsigen Abteilwagen erreichte nicht die Länge und das Gewicht von auch nur zwei heutigen ICE-Zwischengliedern. Die Geschwindigkeit überschritt selten 70 km/h, auch wenn viele Lokomotiven schon mehr als 100 km/h erreichen konnten. Die Leistungen der Lokomotiven lagen mit 200 bis 300 PS kaum über denen eines stärker motorisierten Pkw unserer Tage.

Gegen Ende der 1B-Ära wagte man endlich Konstruktionen mit weit nach vorn abgespreizter Laufachse und der damit für den heutigen Betrachter plausiblen Baugruppenanordnung Laufachse-Zylinder-Antriebsachsen.

Deutschland im D-Zug-Abteil

Mit faszinierender Schnelligkeit griff der Personenverkehr der gerade erst entwickelten Eisenbahn von biedermeierlichen Kaffeefahrten zum landesweiten Fernverkehr aus und eroberte sich eine für ziemlich genau hundert Jahre unangefochtene Monopolstellung auf diesem Marktsegment.

Borsigs 291 für die Hannöversche Staatsbahn
(oben) Die Hannöversche Staatsbahn arbeitete zwischen Rheine, dem heutigen Bremerhaven und Harburg bei Hamburg im Norden und Arenshausen und Münden (nahe Kassel) im Süden. Ihre Schnellzuglokomotive 291 von Borsig aus dem Jahre 1869 erweist sich als durchaus modern mit gestrafften und gestreckten Formen. Das Führerhaus ist sparsam gebaut.

1B für die Pfalz
(links) Im Grundaufbau vergleichbar war die HUMMEL aus der Gattung P 1^{III} der Pfalzbahnen, gebaut von Maffei 1880 und eingesetzt immerhin bis 1924. Eine Zutat aus späteren Jahren ist die Luftpumpe für die Westinghouse-Druckluftbremse zwischen den beiden Radschutzkästen. Rührend ist die handbetätigte Glocke am Führerhaus.

1835 war der erste Dampfzug ein paar Kilometer weit gefahren. Etwa 1860 war eine Reise über Distanzen von mehr als 100 km ohne Zugfahrt unvorstellbar geworden, auch wenn das anfangs weitmaschige Streckennetz für einen Teil der Reise noch den Weg auf der Landstraße erforderte.

Ab 1890 genügte die 1B für die steigenden Zuglasten im Schnellzug- wie im Personenzugdienst immer weniger. Nach einer längeren Stagnation setzte nämlich ein nie gekanntes und nur in einer kurzen Phase nach dem Zweiten Weltkrieg noch einmal wiedergekehrtes Wirtschaftswachstum ein. Hatte die industrielle Revolution ab Beginn des 19. Jahrhunderts auf der Basis von Kohle und Stahl die Welt für immer verändert, so begann nun die großindustrielle Nutzung chemischer Verfahren und der Elektrizität. Die Bevölkerung wuchs u. a. wegen der Zurückdrängung der Säuglingssterblichkeit und der schnellen Verbesserung von Ernährung und medizinischer Versorgung sprunghaft. Der Sog in die Ballungsgebiete nahm zu, die europäischen Großstädte wuchsen zu einer Größe und Struktur, die mit den heute so begehrten Altbauvierteln noch heute gültig ist. Die elektrischen Straßenbahnen wurden zu den urbanen Part-

Schnellzuglok für Bayern
(oben) Mit 104 Exemplaren wurde die 1874 b
1887 von Maffei gebaute B IX für gut zwei Ja
zehnte die führende Schnellzuglokomotive ir
rechtsrheinischen Netz des Königreichs Baye
Noch trugen alle Lokomotiven Namen. Man
getrost phantasieren, was ein Messingschild d
TITTMONING heute auf dem Sammlermar
einbringen würde.

Schneller durch Sachsen
(links) Von 1886 bis 1890 beschafften die Kgl.Sächs.Bts.B. die Schnellzuglokomotiven Gattung VI b V mit Verbundmaschine. Wir betrachten die Niederdruckseite der Nr. 161, sich im Betrieb bis 1924 halten konnte.

Ende der Dienstzeit
Den preußischen Direktionen war eine große Entscheidungsfreiheit über ihre Fahrzeugbeschaffungen unter Berücksichtigung regionaler Traditionen und mit Bevorzugung heimatlicher Hersteller anvertraut. Die KED Hannover bezog 1884–1887 von Hanomag und Henschel 14 Verbundloks mit auffälliger Länge des Kessels, modern jedenfalls mit außenliegender Heusinger-Steuerung. Die Anordnung der Steuerwelle in gebogener Form über dem Kesselscheitel ist freilich ein gewöhnungsbedürftiger Anblick. Der bekannte Klassiker der Eisenbahnfotografie Werner Hubert hat die Maschine ausgemustert und ohne Schilder angetroffen.

Obduktion offenbart Innenleben
Bei dieser B IX wurde die Fabriknummer 1000/1874 zum Namen. Sie existiert noch heute, nämlich als Anschauungsobjekt mit teilweise aufgeschnittenem Kessel in der Lokwelt Freilassing. Die Röhren des Kessels und die Dampfleitung vom Dom zum Zylinder sind gut erkennbar.

nerbetrieben der dampfbetriebenen Eisenbahn. Mit dem Nahverkehr der Großräume auf der Basis von Heerscharen flinker Tenderloks erreichte der einst so beschauliche Personenverkehr der Eisenbahn ganz neue Dimensionen.

Der uns interessierende Schnellzug entwickelte sich in wenig mehr als 15 Jahren von einem halben Dutzend starrachsiger Wägelchen mit Ofenheizung und Petroleumbeleuchtung zu dem 1892 offiziell eingeführten D-Zug mit sechs, acht oder zehn wohlabgefederten vierachsigen Drehgestellwagen mit Druckluftbremse, durchgehender Dampfheizung und Gasbeleuchtung. Zwischen dem Großraumwagen amerikanischen Geblüts und dem Abteilwagen hatte man den Kompromiss mit Sechserabteilen und durchgehendem Seitengang gefunden. Vorhänge sorgten bei Bedarf in der (ganz seltenen) 1. und der (gepolsterten) 2. Klasse für Sichtschutz vor Studenten, Subalternbeamten, ausländischen Touristen, sozialdemokratischen Abgeordneten und ähnlichem Volk aus der 3. Klasse, das da im Seitengang unterwegs sein mochte. Unterwegs wohin? Zum Speisewagen, einer weiteren Errungenschaft des D-Zuges! Die Funktion des Restaurants war in den Zug verlegt worden. So geriet denn der D-Zug zur Kleinstadt auf Rädern. Die Kommunikation zwischen den Wagen wurde gewährleistet durch Übergangsbleche und die vor Wind und

Wetter schützenden Faltenbälge, im Volksmund „Ziehharmonikas“. Es konnte durchaus reizvoll sein, gelegentlich die ganze Kleinstadt auf Rädern abzuwandern. Vielleicht gefiel es der am offenen Fenster des Seitenganges der 2. Klasse stehenden höheren Tochter ganz gut, wenn der aus der 3. Klasse kommende Offiziersanwärter oder junge Volksschullehrer des Weges kam, und vielleicht kam der Gutsbesitzer aus Pommern im Speisewagen mit dem Getreidehändler ganz gut ins Gespräch, auch wenn er, nun ja, ein Jude war.
Die Abendausgabe des D-Zuges war ein Kapitel für sich, denn nun bevölkerte sich der Schlafwagen. Mochten schlichtere Fahrgäste ihren Kopf recht und schlecht zwischen Rückenlehne und aufgehängtem Mantel zurechtruckeln oder sich im Glück des schwächer besetzten Abteils längs auf die Bank legen, der gepflegte Reisende hingegen ließ sich vom Schlafwagenschaffner das weißbezogene Bett herrichten und genoss mit Waschkommode und Nachttischlampe den Komfort der neuen Zeit.

Nach vorne hin endete die Wanderschaft des Reisenden im Gepäckwagen. Dort konnte er sich, wenn er den Schaffner durch ein Trinkgeld für sein Anliegen gewonnen hatte, bei Bedarf davon überzeugen, dass seine ordnungsgemäß bezettelten Koffer wohlbehalten im Zuge waren. Ebenfalls möglich war der Besuch beim Rassehund im Käfig des Gepäckwagens. Noch weiter nach vorne führte jedoch kein Weg, denn zwischen Gepäckwagen und Lokomotive lief in der Regel der Postwagen, der aus Gründen von Werthaltigkeit der Sendungen und Briefgeheimnis von jedem Zutritt des Publikums ausgenommen war.

Otto von Bismarck, August Bebel, Matthias Erzberger, Kurt Eisner, Friedrich Ebert, Gustav Stresemann, Konrad Adenauer, Theodor Heuss und Kurt Schumacher, Marlene Dietrich, Claire Waldoff, Zarah Leander und Hildegard Knef, Paul von Hindenburg, Erich Ludendorff oder Wilhelm Groener, Thomas und Heinrich Mann, Karl Valentin, Gerhart Hauptmann, Kurt Tucholsky und Alfred Döblin, Max Schmeling, Willy Merkl oder Sepp Herberger, Albert Einstein, Werner Heisenberg und Max Planck, Adolf Hitler, Joseph Goebbels, Hermann Göring und Heinrich Himmler, Gustav Mahler, Franz Werfel oder Alma Mahler-Werfel, Werner von Siemens, Walther Rathenau, Friedrich Krupp und Friedrich Flick, Karl Liebknecht, Rosa Luxemburg,

B X mit Krauss-Helmholtz-Gestell
Eine interessante Übergangserscheinung zwischen der konventionellen B IX und der 2B der Gattung B XI war die in nur 14 Exemplaren auftretende B X von 1890/91. Sie war schon eine Verbundlok mit Entspannung des Dampfes zunächst im Hoch- und dann im Niederdruckzylinder. Wie alle Dampflokomotiven der nächsten Jahrzehnte besaß sie eine außenliegende Heusinger-Steuerung. Geradezu revolutionär war die Zusammenfassung von Lauf- und Kuppelachse zu einem Krauss-Helmholtz-Gestell. Diese bayerische Erfindung fand Verbreitung in aller Welt.

STETTIN
N°2319

Ernst Thälmann, Wilhelm Pieck, Clara Zetkin und Walter Ulbricht, Hedwig Courths-Mahler, Käthe Kollwitz, Marie Juchacz und Sophie Scholl, Robert Koch, Sigmund Freud und Ferdinand Sauerbruch: Die meisten von ihnen mögen sich nie begegnet sein und viele von ihnen kämpften auf Leben und Tod gegeneinander, aber ihnen allen gemeinsam war, dass sie auf so gut wie all ihren Fernreisen im mehr oder weniger luxuriösen Abteil des Schnellzuges hinter der angestrengt arbeitenden Dampflokomotive saßen, hinter einer Schnellzuglokomotive, wie sie zur großen Zeit der Eisenbahn jeder Junge kannte und bewunderte und die als Produkt von Ingenieurkunst und staatlicher Investitionskraft ein Stück nationalen Stolzes verkörperte.

Letzte Ausreifung der 1B
Mit der preußischen S 1 fand die deutsche 1B-Schnellzuglokomotive letzte Ausreifung und beginnenden Abschied. Mit 206 Exemplaren der Baujahre 1885–1898 ersetzte sie bei den verstaatlichten norddeutschen Privatbahnen die altersschwachen und technisch überholten 1A1, 2A und 1B. Als Verbundlok mit nunmehr gerade durchlaufendem Kesselscheitel und sichelförmigen Gegengewichten in den Rädern verkörpert sie moderne Bauprinzipien und die Eignung für 90 km/h. Wir sehen zunächst die Nr. 10 einer nicht entzifferbaren Direktion in Schrägansicht abfahrbereit (oben), sodann die Magdeburg 29 am Bahnsteig (rechts oben) und schließlich die 8 Stettin auf der Drehscheibe.

29

8

Esslingerin in Sachsen
(links beide) Eine frühe 2B war die 1870 aufgetretene sächsische VIII b_1, ausnahmsweise einmal nicht von Hartmann im eigenen Lande gebaut, sondern von Kessler in Esslingen bezogen. Das extrem zusammengedrängte Drehgestell konnte noch nicht die Laufeigenschaften, sondern nur die Gewichtsverteilung verbessern. Lange Hauptluftbehälter auf beiden Seiten der Maschine belegen wieder einen Fortschritt, nämlich die Druckluftbremse. Per Stativ und mit minutenlanger Belichtungszeit waren Werkfotos von Lokomotiven bereits ab 1860 möglich. Aufnahmen aus dem alltäglichen Betrieb treten erst nach 1900 nennenswert in Erscheinung. Seltenheitswert haben deshalb die lebendigen Ansichten der sächsischen VIII b_1.

Bayerische B XI
(oben) Ein Beispiel für ausgereifte Normalität im deutschen Lokomotivbau ist die bayerische B XI, von 1892 bis 1900 in 39 Exemplaren mit Zwillingsmaschine und 100 mit Verbundmaschine beschafft. Wir sehen die Verbundlok 1265 von der linken Seite mit dem voluminösen Niederdruckzylinder.

Der Siegeszug der 2B

Die aus den USA übernommene und dort schon immer regierende 2B versprach ausgezeichnete Entwicklungsmöglichkeiten. Bei ihr konnte man endlich den Stehkessel zwanglos zwischen den Kuppelradsätzen unterbringen. Der Langkessel konnte weit nach vorne gestreckt werden, wo Dampfmaschine und Rauchkammer in idealer Symmetrie über dem Drehgestell Platz fanden. Auch optisch überzeugten die Lokomotiven, bei denen die Zylinder genau zwischen den beiden Vorlaufachsen lagen und der Schornstein oft exakt über dem Drehzapfen des Gestells angeordnet war. Mit dieser Verlängerung der Achsanordnung über die hergebrachten drei Radsätze der 1A1 und 1B hinaus wurde auch die starre Lagerung der Laufradsätze im Hauptrahmen für immer überwunden. Einzelnen Vor- und Nachlaufachsen verlieh man radiale Einstellbarkeit; Laufachspaare wurden in seitenbeweglich gelagerten Drehgestellen zusammengefasst.

Der Unterschied macht's

In der Laufwerksanordnung vergleichbar der sächsischen VIII b_1, repräsentiert die fast gleich alte badische III a von 1869 von der Maschinenfabrik Carlsruhe eine ganze Reihe gegensätzlicher Bauprinzipien. Bei ihr lagen Rahmen und Steuerung außen, und der Stehkessel war nicht mehr überhöht. Originell ist die Fortsetzung des Führerhauses auf dem Tender. Bild: Deutsches Museum, München

(kleines Bild) Entsprechend den beliebten Kinderrätseln kann man beim Anblick dieser moderneren badischen II a von 1888 fragen: Erkennen Sie die Unterschiede zur III a? Und ja: Die Laufradsätze sind zum Vorteil von Gewichtsverteilung und Bogenlauf weiter auseinandergerückt. Die Tragfedern der Kuppelradsätze sind unten angeordnet. Der Kessel liegt höher und hat nach dem belgischen Patent Belpaire eine waagerechte Decke erhalten.

MASCHINENBAU-GESELLSCHAFT
CARLSRUHE
No 525

Badische 2B im englischen Stil
Immer wieder phänomenal sind die Baufortschritte gegen Ende des 19. und zu Beginn des 20. Jahrhunderts. Wieder sehen wir eine badische 2B, doch wirkt diese 1892 aufgetretene Gattung II c im Vergleich zu ihrer gerade gezeigten nur vier Jahre älteren Schwester geradezu emanzipiert. Der im Volumen fast verdoppelte Kessel (mit 12 statt 7 bar Kesseldruck!) ist hochgelegt; die beiden Vorlaufachsen sind zu einem lauftechnisch nützlichen Drehgestell entwickelt; und die 2.100 mm großen Räder verhelfen der Maschine zu einer wirklich eleganten Erscheinung. Nach britischem Vorbild sind die Triebwerke innerhalb des Rahmens angeordnet.

Ahnung von Aerodynamik
(rechts oben) So grotesk wie nutzlos war die „Windschneide“ der zweiten Variante der badischen II c. Sie und die Verkleidung der Rauchkammer sollten den Fahrtwind teilen, rührende Vorüberlegungen zur Stromlinie späterer Jahrzehnte.

Versuchslok der Gattung S 2
(rechts) Die preußischen Direktionen gingen nach 1890 in aller Breite von der 1B zur 2B für den D-Zug über. Wir sehen im Anhalter Bahnhof zu Berlin eine Versuchsmaschine der Gattung S 2 noch mit Innensteuerung. 152 solche und ähnliche Lokomotiven, die meisten mit Zwillingsmaschine, wurden 1890-1892 gebaut.
Bild: Werner Hubert

Abort
103

Die neuen 2B-Typen waren im Übrigen auch die ersten, bei denen die Zweizylinder-Verbundmaschine mit ihrer besseren Ausnutzung des Dampfdrucks zur Regelbauform wurde. In Deutschland fiel der Übergang zur 2B außerdem zusammen mit Entscheidungen, die für die gesamte weitere Zukunft der Dampflokomotive Gültigkeit behielten. Der Rahmen lag nun fast ausnahmslos innen, die Triebwerke und die jetzt nach Heusinger ausgeführte Steuerung außen. Einzelne Bahnen und Konstrukteure in den Nachbarländern Österreich, Frankreich und Belgien folgten aber noch bis zum Ersten Weltkrieg gegenteiligen Grundsätzen. Und mit der äußerlich unauffälligen preußischen S 4 wurde 1898 große Technikgeschichte geschrieben, war sie doch die erste Heißdampflok der Welt. Hatten der Bau und die stetige Weiterentwicklung der 1B etwa fünfzig Jahre gewährt, so waren die Grenzen der 2B schon zehn Jahre nach dem Beginn ihres Siegeszuges absehbar. Zwar blieben ihre Stückzahlen unübertroffen – allein die preußische S 3 wurde mit 1.027 Stück häufiger gebaut als alle deutschen Pacifics zusammen, und die nachfolgende S 5^2 übertraf mit 367 Loks die Summe aller deutschen Atlantics – und sie erlebte auch noch die Ausreifung zur Heißdampflokomotive mit Speisewasservorwärmung, doch forderten immer höhere Zuggewichte und -geschwindigkeiten schon ab Mitte der 1890er-Jahre für immer mehr Strecken neue Lösungen. Der Kessel, der auf einer vierachsigen Lokomotive untergebracht werden konnte, hatte nicht mehr genügend Reserven; und die zweiachsige Antriebseinheit neigte beim Anfahren und auf Steigungen immer mehr zum Schleudern.

Unglückslok
(links oben) Immer wieder versuchten Ingenieure, das empfindliche System der seitlichen und oberen Aufhängung der Feuerbüchse im Stehkessel zu überwinden. Eine Idee war die Unterbringung der Feuerung in einem von innen her dem Dampfdruck standhaltenden Wellrohr, das ohne Stehbolzen auskommen sollte. Das Schicksal der abgebildeten Versuchslok Cöln 341 aus dem Jahre 1892 spricht für sich: Am 6. März 1894 explodierte ihr Kessel.

Mit Nummer der Reichsbahn
(links unten) Die meisten bayerischen B XI brachten es noch zu Reichsbahnnummern. So wurde die Verbundlok 1262 aus dem Jahre 1895 noch zur 36 767. Zusammen mit allen noch verbliebenen B XI wurde sie 1931 ausgemustert.
Bild: Hermann Maey

Im November 1903 abgestempelt
Die Ansichtskarte aus Fürth zeigt uns einen typischen deutschen Schnellzug um die Jahrhundertwende. Der B XI folgen zunächst ein altertümlicher Postwagen, ein hochmoderner Vierachser und zwei dreiachsige Abteilwagen aus der Tiefe des 19. Jahrhunderts.

Fortschrittliche B XI

Wir betrachten von der Lokführerseite ebenfalls eine B XI in Verbundausführung. Vom Dom führt nur zum Hochdruckzylinder eine Dampfleitung. Die Überleitung vom Hochdruck- zum Niederdruckzylinder verläuft unter dem Kessel. Das Nummernschild 1316 kündet von einem Fortschritt auch in der Bezeichnung von Maschinen. Die Vergabe poetischer Namen ist nach 1890 fast vorbei.

Umbau von S 2 auf S 3
(oben) Äußere Triebwerke und Steuerungen entlasten endlich das Personal von den akrobatischen Übungen bei Kontrolle und Schmierung der innenliegenden Gestänge und werden – abgesehen von den Notwendigkeiten bei mehrzylindrigen Lokomotiven – für immer Standard auf dem europäischen Kontinent bleiben. Wir betrachten eine pr. S 3 mit dem beeindruckenden Niederdruckzylinder mit 680 mm Durchmesser. Sie ist aus einer S 2 umgebaut worden.

Vor prächtiger Architektur
(rechts) Eine wunderschöne Ansichtskarte zeigt uns eine in Posen rangierende S 3. Der Absender lädt 1911 einen Adressaten im schlesischen Grünberg zum Besuch der Posener Ausstellung ein. Nach dem Ersten Weltkrieg wird Posen und nach dem Zweiten Weltkrieg auch Grünberg nicht mehr zum Deutschen Reich gehören. Ergebnisse deutscher Politik.

Großer Standard in Preußen: S 3
(rechts) Geradezu ehrfürchtig nähern wir uns der preußischen S 3. Mit 1.027 Exemplaren war sie die meistgebaute Dampfschnellzuglokomotive der Welt! Ihre Bauzeit währte von 1893 bis 1904. Die Seitenansicht der 233 Magdeburg zeigt uns eine sehr überlegte Konstruktion. Dampfmaschine und Rauchkammer sind genauso symmetrisch über dem Drehgestell angeordnet wie der Stehkessel mit der Feuerbüchse zwischen den Antriebsrädern.

S 3 im Sonnenlicht
(unten) Immer wieder Glücksfälle sind hundert Jahre alte lebendige Betriebsaufnahmen. Faszinierendes Schräglicht lässt die Konturen der 213 Mainz aus dem Jahre 1893 gut hervortreten. Das mit Zugstange vom Führerhaus aus steuerbare Bauteil über dem Zylinderblock ist die Anfahrvorrichtung zur kurzzeitigen Speisung des Niederdruckzylinders ebenfalls mit Hochdruckdampf.

Durch Hamburgs Straßen
(oben) Eine mehrfach fotografierte Kuriosität war vor der Neuordnung der Hamburger Bahnanlagen 1906 die Führung der Kölner Schnellzüge durch belebte Straßen. Ein Beamter mit roter Flagge schreitet der gemächlich fahrenden S 3 voran.

2B auch in Württemberg
(links) Wir besichtigen eine Art- und Altersgenossin der preußischen S 3 aus Württemberg und erkennen in der 1899–1907 gebauten AD eine sieben Jahre jüngere und doch kaum modernere Bauart. Mit 1.800 mm reichen die Treibräder nur gerade eben an die Marke der Schnellzugloks heran. Immerhin beträgt der Kesseldruck 14 bar anstelle der in Preußen zu lange beibehaltenen 12 bar. Die Bauform mit zwei Dampfdomen und Verbindungsrohr brachte keinen nachweisbaren wärmewirtschaftlichen Vorteil.

Schnellzug am Klostertor
(oben) Auch künstlerisch wurde die Straßenfahrt der Schnellzüge in Hamburg verarbeitet. Die 2B entspricht eher einer Versuchsausführung in der Familie S 5, nicht aber einer S 3.

Sächsische Zugkraft
(rechts) Obwohl sie drei Jahre älter als die württembergische AD war, zeigt sich die sächsische VIII V_1 als eine kräftigere Erscheinung, was sich auch in allen Dimensionen des Kessels, des Hochdruck- und des Niederdruckzylinders ausdrückte. Sächsischer Standard ist inzwischen die waagerechte Belpaire-Stehkesseldecke.

Unterwegs bei Hannover

(unten) Entsprechend der ungeheuren wirtschaftlichen Dynamik insbesondere in Nord- und Westdeutschland musste die preußische Eisenbahnverwaltung dem Jahrhunderterfolg der S 3 sogleich einen verstärkten Nachfolgetyp folgen lassen, die S 5^2. Die Kesselmitte wurde gegenüber der S 3 von 2.260 mm auf 2.500 mm über Schienenoberkante erhöht. Die Lastverteilung der S 3 mit 8,2, 7,4, 11,7, 11,7 t auf den vier Radsätzen steigerte sich auf 8,6, 8,7, 11,9, 12,9 t. Die Oberbauwirtschaft hatte alle Mühe, diese Gewichtssteigerungen aufzufangen.

Immer noch ganz selten sind – bis in die 1920er-Jahre hinein – Streckenaufnahmen. Eine hochwertige Kamera mit kurzen Verschlusszeiten, gutes Sonnenlicht und eine mäßige Fahrgeschwindigkeit mussten zusammenkommen, damit die S 5^2 mit der Nummer 535 Hannover etwa 1924 längst nicht mehr vor einem Schnellzug, sondern vor einem Personenzug aus Abteilwagen nahe Hannover verewigt werden konnte. Bild: Rudolf Kreutzer

Im besten Licht

(rechts oben) Endlich erreichen wir mit der preußischen S 5^2 auch eine Lokomotivgeneration, die im Lokomotivbestand der Deutschen Reichsbahn repräsentiert war. In wunderbar ausgeglichener Beleuchtung sehen wir 1930 die 13 820 kurz vor ihrer Ausmusterung. Nach gerade einmal zwei Jahrzehnten konnten solche Zweikuppler den Zuggewichten weder im Schnell- noch im Personenzugdienst standhalten.

Lok der Lübeck–Büchener Eisenbahn

(rechts unten) Im Zusammenhang gigantischer Ausbauvorhaben im Raum „Groß-Hamburg“ wurde 1938 eine der letzten relevanten Privatbahnen Deutschlands (nicht zu verwechseln mit den rechtlich anders konstituierten Kleinbahnen), nämlich die Lübeck–Büchener Eisenbahn, in die Deutsche Reichsbahn einverleibt. Sie hatte sieben Exemplare der S 5^2 beschafft, von denen genau eine in den DRG-Bestand kam und die prominente Nummer 13 001 erhielt.
Bild: Hermann Maey

13 820

Deutsche Reichsbahn
13 001

In der Reichsbahnzeit
(oben) Eine lebendige Betriebsaufnahme mit Lokführer und Heizer zeigt uns die 13 745. Entgegen amtlicher Norm hatte die Reichsbahn auf die Anbringung von Messingschildern verzichtet und sich mit Farbziffern begnügt, im Hinblick auf eine Ausmusterung schon 1929 durchaus realistisch.

Verbesserter Nachfolger der S 3
(rechts) Typisch für die zwischen 1890 und 1905 bevorzugt gebauten Zweizylinderverbundloks wie hier der preußischen $S\ 5^2$ war der unterschiedliche Anblick der Maschinenseiten. Hier sehen wir die Hochdruckseite mit dem schlankeren Zylinder und der Anfahrvorrichtung unterhalb des Schornsteins zur kurzzeitigen Speisung der Niederdruckzylinder mit Hochdruckdampf.

Die erste Heißdampflokomotive der Welt

1897 schrieben der Fahrzeugdezernent der KED Berlin Robert Garbe (1847–1932) und der freischaffende Ingenieur Wilhelm Schmidt (1858–1924) in Kassel ganz große Technikgeschichte. Ihnen gelang es, ältere theoretische Überlegungen zur Überhitzung des Dampfes zur praktischen Anwendung zu bringen. Den feuchtigkeitshaltigen Nassdampf mit wenig mehr als 100° C kennt jeder von uns vom Kochen am heimischen Herd. Den Physikern war klar, dass ein auf 250–350° C erhitzter Dampf viel bessere Wirkungen entfalten würde. Die endgültige Form des Überhitzers bestand in dünnen U-förmigen Rohrelementen, in denen der im Dom gesammelte Dampf nochmals durch die Kesselrohre geleitet wird. Die auf der Basis der S 3 entstandene S 4 war die erste Heißdampflokomotive der Welt.

Längst Geschichte
Ein Erinnerungsfoto unbekannter Eisenbahner, von denen auch der jüngste schon seit gut und gerne 75 Jahren tot ist. Unbeabsichtigt führen sie der Nachwelt die nun maßvoll verdickte Rauchkammer der endgültigen S 4 vor, außerdem natürlich das Triebwerk und das Borsig-Fabrikschild am Radschutzkasten.

Bromberger S 4

(oben) Zu den gängigsten Gedankenlosigkeiten in der eisenbahngeschichtlichen Literatur zählt die Fantasie, Deutschland habe nach dem Ersten Weltkrieg vorhandene Lokomotiven als Reparation nach Polen abgegeben. Wenn aber diese S 4 stets in der Direktion Bromberg beheimatet war und deren Gebiet dem neu gegründeten Polen zufiel, so hat das Verbleiben der Lokomotive in ihrem gewohnten Betriebswerk selbstverständlich nichts mit Reparationen zu tun. Das abgebildete Exemplar wurde nach dem deutschen Überfall 1939 als Beutestück dem Reichsbahnbestand als 13 402 einverleibt.
Bild: Hermann Maey

Noch keine Schönheit: S 4 mit Rauchkammerüberhitzer

(rechts oben) Unter der Nummer 52 Erfurt betrat diese S 4 von Henschel 1906 die Schienenwelt. Die unförmig verdickte Rauchkammer beweist die Frühform des Rauchkammerüberhitzers, dem dann entwicklungsgeschichtlich der endgültige Rauchrohrüberhitzer folgte. Übrigens: Die KPEV gab Nassdampfgattungen ab 1906 ungerade und Heißdampfgattungen gerade Reihennummern.

Heißdampf-2B überschätzt: S 6

(rechts unten) Der Mut Robert Garbes bei der Einführung der Heißdampflokomotive verkehrte sich alsbald in die Überschätzung ihrer Möglichkeiten. So setzte er zu einer Zeit, als die Zuggewichte in ganz Europa längst die dreifach gekuppelte Lokomotive notwendig machten, noch 1906 die Beschaffung der S 6 als 2B mit Überhitzer durch. Allein schon die Gewichtsverteilung auf nur vier Radsätzen war gewagt.

BESCHAFFUNG GROSSRÄDRIGER 2B

Betreiber und Hersteller	Stück
Die später zur KPEV verstaatlichten nord- und westdeutschen Bahnen von den Canada Works 1865–1866 (Schleswigsche Bahn)	2
KPEV von BMAG, Borsig, Grafenstaden, Hanomag, Henschel, Humboldt, Schichau, Union und Vulkan 1890-1913	2.285
Reichseisenbahnen Elsass-Lothringen von BMAG, Borsig, Hanomag, Henschel, Grafenstaden und Union 1892–1913	109
K.Bay.Sts.B. von Maffei 1892–1900	139
K.Wü.Sts.B. von Esslingen 1854–1909	133
Grhz.Bad.Sts.B. von MBG Karlsruhe und Grafenstaden 1854–1900	188
K.Sä.Sts.B. von Hartmann 1870 und 1891–1900	60
Ghzl.Old.Sts.B. von Hanomag 1903–1913	17
Lübeck–Büchener Eisenbahn von BMAG und Linke-Hofmann 1907–1911	7
Einsatz bis etwa 1930	

Zauberwort „Gleichstromzylinder“
(oben) Im Anhalter Bahnhof zu Berlin wartet die S 6 mit der Nummer 657 Halle auf ihre Abfahrt. Die Armaturen über den Zylindern erinnern an vergebliche Versuche der Trennung von zu- und abführenden Dampfwegen nach Bauart Stumpf.

In Polen wieder erbeutet
(rechts oben) Die nicht weniger als 584 Exemplare der S 6 müssen letztlich als Fehlinvestition gelten. Kaum eine wurde zwanzig Jahre alt, viele kaum zehn Jahre. Mit dem Raubzug in Polen kamen wieder Exemplare zur Reichsbahn, so dass wir hier 1941 eine 13 530 in einem ordentlichen Unterhaltungszustand finden. Bild: Hermann Maey

2B in Württemberg
(rechts unten) Während Bayern, Baden und Sachsen richtigerweise auf eine 2B im 20. Jahrhundert verzichteten, ließen die Württembergischen Staatsbahnen von ihrem Hauslieferanten, der Maschinenfabrik Esslingen, noch 1907–1909 die letzte zweifach gekuppelte Schnellzuglokomotive Deutschlands mit Überhitzer bauen. Für nennenswerte Erfolge einer solch bescheidenen Konstruktion war es freilich zu spät. Wir sehen die 13 1711 kurz vor ihrer Ausmusterung. Bild: Hermann Maey

Deutsche Reichsbahn
13 530

Deutsche Reichsbahn
13 1711
18 107

1B1-Schnellzugloks

Bevor wir aber die 2B schon wieder verlassen, soll noch an ihre weniger verbreiteten Konkurrentinnen erinnert werden. Bahnen in Frankreich, Belgien, Württemberg und der bayerischen Pfalz ließen 1B1-Schnellzugloks bauen. Auch wenn sie mit ihrem gedrängten Achsstand einen eigenartigen und wenig dynamischen Anblick boten, bewährten sie sich durchaus.

Ausschließlich in Italien bewährte sich die zierliche großrädrige 1C jahrzehntelang im leichten Schnellzugdienst im Flachland. Gute Fahreigenschaften mit nur einem vorderen Laufradsatz konnte man inzwischen erreichen, indem man

1B1 der Pfalzbahnen

Eine Seitenlinie war neben der 2B die 1B1. Die Pfalzbahnen beschafften 1891–1896 von Krauss 22 Exemplare ihrer P 2^{I}. Die Zusammenfassung von vorderer Lauf- und Kuppelachse zu einem Krauss-Helmholtz-Gestell garantierte gute Laufeigenschaften, die Nachlaufachse den Platz für einen geräumigen Stehkessel. Noch waren die Anforderungen an eine Schnellzuglok bescheiden. 180 t sollten im Pfälzerwald mit stabilen 75 km/h gefahren werden.

ihn mit der querverschieblichen vorderen Kuppelachse zu einem Gestell zusammenfasste, das ähnlich wie ein Drehgestell die sichere Führung im Gleisbogen übernahm. Die bekannteste und in Deutschland ausschließlich vertretene Form war das Krauss-Helmholtz-Gestell, benannt nach dem Münchner Lokhersteller und seinem Chefkonstrukteur. Solche Laufgestelle waren Voraussetzung für jeden Erfolg der fünf-, sechs- und siebenachsigen Schnell- und Personenzugloks mit den Achsanordnungen 1C1, 1C2, 1D1 und 1D2 in ganz Europa.

Von der 2B aus teilte sich die Entwicklung in zwei Linien: Für die Schnellzuglok erinnerte man sich an die seit den Tagen der 1A1 fast vergessene hintere Laufachse und verlängerte die 2B zur 2B1. Bei der neuzeitlichen Personenzuglok hingegen, aber auch bei einigen sehr erfolgreichen Schnellzugloks fügte man zwischen Laufgestell und Antriebsgruppe eine weitere Kuppelachse ein und gelangte zur 2C.

In Belgien gebaut
Kräftiger als ihre pfälzische Schwester war die vom belgischen Hersteller Cockerill gebaute 1B1 der Main-Neckar-Bahn, die mit deren Verstaatlichung 1902 in die KPEV-Sammelgattung S 2 eingereiht wurde. Die 15 Exemplare wurden auf ihre alten Tage noch ins Ruhrgebiet versetzt und kurz nach dem Ersten Weltkrieg ausgemustert.

BESCHAFFUNG 1B1

Betreiber und Hersteller	Stück
Die später zur KPEV verstaatlichten Main-Neckar-Bahn und Hessische Ludwigsbahn von Cockerill und Krauss 1892–1902	28
Pfalzbahnen von Krauss 1891–1896	22
Einsatz bis etwa 1923	

Atlantic – die legendäre 2B1

Die 2B1 wurde nach einem amerikanischen Vorbild „Atlantic“ getauft, obwohl die erste Lok der Welt mit dieser Achsanordnung 1895 in Österreich gebaut wurde. In Deutschland bezog die Pfalzbahn 1898 die erste 2B1; die anderen Länderbahnen außer Württemberg folgten im Laufe des nächsten Jahrzehnts. Die Atlantic bot beste Voraussetzungen für den Einbau eines leistungsfähigen Kessels. Ordnete man die Schleppachse nicht allzu dicht hinter der Kuppelachse an, so war Platz für einen großzügig dimensionierten Stehkessel, an den sich bis zum Vorlaufgestell ein gut proportionierter Langkessel anschließen konnte. Oftmals nutzte man jedoch die Nachlaufachse mit nur beschränkter konstruktiver Fantasie lediglich zur notwendigen Abstützung des Mehrgewichts einer größer gewordenen Lokomotive, rückte sie nahe an die Kuppelachse und verzichtete damit auf die Vorteile einer großzügigeren Entwicklung des Stehkessels. Die aktuellsten Neuerungen im Triebwerksbau wurden sofort angewendet. Waren nur wenige 2B von vier Zylindern ange-

Die erste deutsche Atlantic ...
(oben) Die Geschichte der Atlantic, technisch gesprochen 2B1, begann in Deutschland mit einer merkwürdigen Konstruktion. Die Pfalzbahnen ließen 1898–1904 von Krauss zwölf zweizylindrige Schnellzugloks mit Innenzylindern und einer Kombination von Außen- und Innenrahmen bauen. Die „SAALE“ lief von 1898 bis 1925.

... und ihr Totalumbau
(rechts) Ganz zufrieden war man mit der so entstandenen P 3^{I} nicht, so dass man sie 1913/14 auf Vierzylinderverbundmaschine umbaute. Die vorhandenen Innenzylinder dienten nun als Hochdruckzylinder, außen wurden neue Niederdruckzylinder montiert. Nach wenig mehr als einem weiteren Jahrzehnt hatten die Sonderlinge ausgedient. Bild: Sammlung Stephan Beständig

Mit Vorspannachse
(rechts oben) Die Pfalzbahnen arbeiteten eigenwillig weiter. Ihre nächste Atlantic P 3^{II} von 1900 war wie die weiter oben schon vorgestellte bayerische AA I mit einer Vorspannachse innerhalb des Drehgestells ausgestattet. Die Zylinder der eigentlichen Antriebseinheit lagen innen. Eine Besonderheit war der Ausgleich der bewegten Massen des Triebwerks durch bewegliche Gegengewichte unter dem Stehkessel. Schon nach einem Jahr wurden alle Besonderheiten der Maschine beseitigt.

226

181

175

Sächsische Atlantic
(links unten) Konventionell konfiguriert waren die 1900–1903 gebauten 15 Exemplare der sächsischen X V, auch sie eine Nassdampflok mit Vierzylinderverbundtriebwerk. Sie sollte Schnellzüge auf der Verbindung Berlin–Dresden bespannen. Keine Verwaltung und kein Hersteller wollte um die Jahrhundertwende auf die Mode des Windschneidenführerhauses verzichten.

X V in Dresden-Altstadt
(links oben) Eine schöne Betriebsaufnahme zeigt uns am 1. Mai 1923 im Bw Dresden-Altstadt die X V mit der Nummer 181. Noch vor der Umzeichnung auf 14 202 wurde sie 1925 ausgemustert. Nicht selbstverständlich waren zu ihrer Zeit die Laufradbremsen.

Zwei deutsche Schnellzugloks: Import aus USA
(oben) Nur ein einziges Mal nach Abschluss der Pionierzeit des Eisenbahnwesens importierte eine deutsche Verwaltung anno 1901 Lokomotiven aus den USA. Bayern bezog je zwei 2B1 und 1D von Baldwin. Eigenartig war ihre Triebwerksanordnung mit je einem Hoch- und einem Niederdruckzylinder auf jeder Lokomotivseite, beide außen liegend und auf dieselbe Treibstange arbeitend nach Patent Vauclain. Eine dauerhafte Innovation der S $2/5_{VAUCL}$ war der Barrenrahmen.

trieben, so waren fast alle Atlantics Vierzylinder-Verbundloks. Besonders elegant wirkt die Triebwerksanordnung nach dem für die elsässische Maschinenfabrik Grafenstaden tätigen Alfred de Glehn (1848–1936), der die Lokomotiventwicklung Deutschlands und Frankreichs mit vielen Innovationen bereicherte. Sein Verbundtriebwerk arbeitete mit kleinen Hochdruckzylindern außen zwischen Drehgestell und Kuppelachsgruppe und großen Niederdruckzylindern innen über dem Drehgestell. Die Hochdrucktriebwerke arbeiteten auf die zweite, die Niederdrucktriebwerke auf die erste Treibachse. Zur Gruppe der Atlantics gehören auch zwei der exotischsten Lokomotiven, die jemals in Deutschland unterwegs waren. Die Bayerischen Staatsbahnen hatten zur breiten Anregung eigener Entwicklungen in den USA ein wahrhaftes Innovationspaket bestellt, bestehend aus je zwei 2B1 und 1D vom führenden Hersteller Baldwin sowie einigen vierachsigen Schnellzugwagen und einigen ebenfalls vierachsigen Selbstentladewagen.

Meilenstein: Die badische IId

Nach Betrachtung sämtlicher 2B und 1B1 und der frühen 2B1 erkennen wir, welchen unerhörten Sprung die Badischen Staatsbahnen und Maffei 1902 mit der IId wagten. Die Zylinderpartie, die Treibräder, der Langkessel und der Stehkessel über der hinteren Laufachse beweisen mutige Großzügigkeit. Schade nur der Verzicht auf einen Überhitzer. Auf Probefahrten erreichte die Atlantic 144 km/h.

Die ungewohnte Bauart bestätigte die K.Bay.Sts.B. in ihrer Entscheidung für den Barrenrahmen bei allen künftigen Hochleistungslokomotiven. Die in vielen Details überraschend nachlässig ausgeführten Maschinen mussten sogleich nachbearbeitet und außerdem natürlich an die deutschen Normen angepasst werden. Immerhin bis 1923 konnten sie sich im Betrieb halten. Anders als für die 1A1, die 1B und die 2B galt für die 2B1 eine bisher nur für die 2A getroffene Aussage: Es handelte sich um eine ausschließlich dem Schnellzugdienst gewidmete Bauart. Da sie kein gesteigertes Reibungsgewicht bieten konnte, wurde die 2B1 im Sinne einer Arbeitsteilung mit der gleichalten 2C die Rennerin vor leichten Zügen im Flachland. Für diese Aufgabe erhielten viele Atlantics besonders große Treibräder, was ihre elegante Wirkung verstärkte. Viele Ausführungen waren ausgesprochene Schönheiten.
In Deutschland verlosch der Stern der Atlantic schneller als in Frankreich oder Österreich. Ihr geringes Reibungsgewicht beschränkte ihre Einsatzmöglichkeiten. Dass aber alle deutschen 2B1 bereits Anfang der 1920er-Jahre zusammen mit den teilweise beträchtlich älteren 2B ausgemustert wurden, lag außer an den Grenzen dieser Bauform auch an der Merkwürdigkeit, dass fast alle Varianten im Nassdampfzeitalter verharrten. Die 2C und 2C1 mit Überhitzer fuhren ihr uneinholbar davon. Besonders bedauerlich ist diese Rückschrittlichkeit im Falle der eigentlich hervorragend durchgebildeten preußischen S 9 aus dem Jahre 1908, die vom ersten Betriebstag an als veraltet gelten musste.

Bauen für die Zukunft
(rechts) Die IId war selbstverständlich für die badische Hauptbahn Mannheim–Heidelberg–Karlsruhe–Freiburg–Basel bestimmt, seit jeher eine der am schnellsten befahrenen Eisenbahnstrecken Deutschlands.

Farbenfroh
Aus einer Zeit ohne Farbfotografie sind fachkundige Ansichtskarten durchaus eine Informationsquelle. Wir können dem Grafiker die IId in einer graugrünen Lackierung mit 2.100 mm großen roten Rädern gerne glauben.

Die bayerische Atlantic
(links oben) Die bayerische S 2/5 aus dem Jahre 1904 entspricht mit filigranem Barrenrahmen und hochliegendem Kessel modernen Prinzipien, verkörpert aber als Nassdampflok und Zweikuppler noch ältere Traditionen. Allein der ungünstig enge Abstand zwischen Kuppelradsatz und hinterer Laufachse beweist einen Rückschritt gegenüber der badischen IId.

Vergleich mit der S 3/5
(links) Im Sinne der Gegenüberstellung zweier hochwertiger Ansichtskarten darf der S 2/5 hier schon einmal die später zu behandelnde S 3/5 gegenübergestellt werden, mit der sie den Kessel und viele andere Baugruppen gemeinsam hatte.

P 4 aus der Pfalz

(oben) Auch die pfälzische P 4 mit dem Namen des bayerischen Verkehrsministers VON FRAUENDORFER sei per Ansichtskarte vorgestellt. Aus einer Zeit der aus organischen Grundstoffen gefertigten Lackfarben ohne genormte Vorgaben und mit oft geringer Altersbeständigkeit kann man sich jede Länderbahnlok genauso gut in dunklem Graugrün wie in sattem Hellgrün vorstellen.

Elegant und leistungsstark

(unten) Technisch war die P 4 aus dem Hause Maffei von 1905 eine verstärkte Weiterentwicklung der rechtsrheinischen S 2/5 nun auch mit breitem Stehkessel. Eine wunderschöne Plattenaufnahme gewährt uns den detaillierten Eindruck von der eleganten Maschine. Bild: Sammlung Stephan Beständig

Preußische S 7 Bauart Hannover

Nach einer Reihe bemerkenswerter süddeutscher Konstruktionen wenden wir uns wieder Preußen zu. Mehrere Firmen präsentierten Vorschläge für eine Schnellzuglok, die bei grundsätzlicher Wahrung der Dimensionen vorhandener 2B zum Vorteil eines längeren Kessels als 2B1 auszuführen sei. Hanomag setzte sich mit seinem Entwurf durch, der als S 7 Bauart Hannover 1902–1906 in 159 Exemplaren geliefert wurde.

Veraltet schon bei Produktion: Die S 9
(rechts oben) Als Henschel längst an den Zeichnungen der zeitgemäßen S 10 arbeitete, durfte Hanomag ab 1908 noch einmal 99 Nassdampf-Atlantics bauen. Wir sehen das erste Exemplar dieser S 9. Vielleicht hätte sie mit Überhitzer eine Zukunft gehabt, doch wurde sie zusammen mit allen 2B schon in den 1920er-Jahren verschrottet.

Die elsässische S 7
(rechts unten) Die Maschinenbaugesellschaft Grafenstaden im elsässischen Mülhausen, von 1871 bis 1918 zum Deutschen Reich gehörig, pflegte eigene Bautraditionen. Ihre drei Varianten der S 7 besaßen Vierzylinderverbundtriebwerke nach de Glehn mit den auffällig nach hinten gesetzten Hochdruckzylindern. Einige preußische Direktionen beschafften 1902–1905 zusammen 79 Exemplare.

Schnellzug durch Hamburg
(links unten) Wir haben schon die S 3 auf gemächlicher Straßenfahrt in Hamburg beobachtet und sehen nun auch die S 7 auf dieser kuriosen Fahrt. Den Schnellzug Hamburg–Köln führte sie bis Osnabrück.

DIE WEITESTEN LANGLÄUFE OHNE LOKWECHSEL IM PREUSSISCHEN NETZ 1908

Strecke	Entfernung
Stendal–Dortmund	358 km
Cöln–Kreiensen	306 km
Altona–Berlin	293 km
Berlin–Saalfeld	293 km
Königsberg–Bromberg	290 km

Schönheit der Eisenbahn
Eine seltene Kostbarkeit ist die stimmungsvolle winterliche Streckenaufnahme einer S 7 mit prächtiger Dampfwolke.

81

Die einzige Heißdampf-Atlantic Deutschlands
(links oben) Der sächsischen Verwaltung blieb es vorbehalten, Deutschlands einzige Heißdampf-Atlantic ins Rennen zu schicken, die zweizylindrige X H_1. 1909 und 1913 baute Hartmann 18 Exemplare. Der Kessel entsprach dem der XII H_1 mit der Achsfolge 2C.

Schlüsselfunktion im 20. Jahrhundert: Die Facharbeiter
(oben) Der Blick ins Herstellerwerk Hartmann in Chemnitz! Stolz präsentieren sich 1913 die Arbeiter auf der ablieferungsbereiten X H_1 mit der Nummer 95, später 14 314 der Deutschen Reichsbahn. Handwerklich ausgebildete Facharbeiter wirken Hand in Hand mit den Ingenieuren.

Lokporträt im ersten Friedenswinter
(links) Im Januar 1919 entstand das Winterbild der nun nicht mehr königlich-sächsischen Nr. 88, später noch kurzzeitig 14 308 der DRG.

BESCHAFFUNG 2B1 (ALLE GROSSRÄDRIG)

Betreiber und Hersteller	Stück
KPEV von Henschel, Hanomag, Linke-Hofmann und Grafenstaden 1902–1910	337
K.Bay.Sts.B. von Baldwin und Maffei 1901 und 1904	12
K.Sä.Sts.B. von Hartmann 1900–1903, 1909 und 1913	33
Pfalzbahnen von Krauss und Maffei 1898–1906	24
Einsatz bis etwa 1930	

Zwei Raritäten, eine Schönheit: 2B2

Stolze Meldungen der Elektroindustrie waren geeignet, andernorts Panik auszulösen. Mit Drehstrom gespeiste Versuchstriebwagen hatten auf der Militäreisenbahn südlich von Berlin unerhörte Geschwindigkeiten erreicht. Der Siemens-Wagen hatte es am 23. Oktober 1903 auf 206,7 km/h gebracht, der AEG-Triebwagen am 28. Oktober auf 210,2 km/h. Nie zuvor hatten sich Menschen so schnell fortbewegt. Die Lokomotivindustrie musste angesichts der Erfolge der elektrischen Konkurrenz um ihr Geschäft fürchten. Schon blühten in den populären wie den fachbezogenen Medien auch schon die kühnsten Utopien vom strombetriebenen Hochgeschwindigkeitsverkehr über den ganzen Kontinent. Was auch immer übrigens an neuen Röhren- und Stelzenbahnen unter Verzicht auf die antiquierten Räder die heutige Fantasie erfreut: Kaum etwas taucht auf, was nicht schon vor dem Ersten Weltkrieg skizziert worden wäre. Wir betrachten 1903

Bauart „Wittfeld-Kuhn“
(oben) Wir verlassen die artenreiche 2B1 und wenden uns den Raritäten mit vorderem und hinterem Drehgestell zu. Es bedarf keiner tieferen Erläuterung, dass der vermeintlich stromlinienförmige „Möbelwagen“ mit Dreizylinderverbundtriebwerk von Henschel aus dem Jahre 1904 erfolglos blieb.

Einfach mal die schönste Lok bauen
(rechts) In einem geradezu atemberaubenden Kontrast zur oben gezeigten Kuhn-Wittfeld baute Maffei ohne staatlichen Auftrag eine der für immer schönsten deutschen Lokomotiven, das Einzelstück S 2/6. Am harmonischen Gesamtbild stört nur die Luftpumpe.
Bild: Hermann Maey

BESCHAFFUNG 2B2 (ALLE GROSSRÄDRIG)

Betreiber und Hersteller	Stück
KPEV 1904 von Henschel	2
K.Bay.Sts.B. 1906 von Maffei (in eigener Regie gebaut, später übernommen)	1

einen wahrhaften Herbst der Innovation und der Geschwindigkeit. Gerade einmal zwei Monate nach den brandenburgischen Rekordfahrten unternahmen die Gebrüder Wright den ersten nachgewiesenen und dokumentierten Motorflug der Welt- und Verkehrsgeschichte. Und Henry Ford begann mit der Fertigung von Automobilen.

Die konventionellen Maschinenfabriken sahen sich zu dem Nachweis herausgefordert, jedenfalls 150 km/h auch mit Dampf zu erreichen. Henschel baute 1904 in Zusammenarbeit mit der KPEV zwei höchst ungewöhnliche Schnellfahrlokomotiven der Achsfolge 2B2. Mit den Namen des Henschel-Chefingenieurs und seines Partners auf staatlicher Seite blieben sie als Bauart „Wittfeld-Kuhn“ in Erinnerung. Den 2.200 mm großen Treib- und Kuppelrädern gab man reichlich ambitioniert ein Dreizylinder-Verbundtriebwerk, obwohl man wusste, dass die Dampfverteilung von einem mittleren Hochdruckzylinder zu den beiden äußeren Niederdruckzylindern schwierig zu regeln war. Vom ersten Tage an veraltet waren die Loks durch den Verzicht auf den inzwischen schon bewährten Überhitzer. Vollends zur belächelten Kuriosität wurden die beiden Maschinen durch den Versuch einer Stromlinienverkleidung mit nach vorne verlegtem Führerstand. Die erste Lok erhielt eine bis über den Tender erstreckte Vollverkleidung und musste sich den Spitznamen „Möbelwagen“ gefallen lassen. Bei der zweiten Lok ließ man immerhin den Langkessel und den Tender frei. Heute weiß man, dass die scharfkantige Spitze gegen den Fahrtwind aerodynamisch gar nichts bringt. Die Arbeitsbedingungen für den Lokführer vor der Rauchkammer waren unzumutbar. (Der Heizer behielt seinen Platz hinten.)

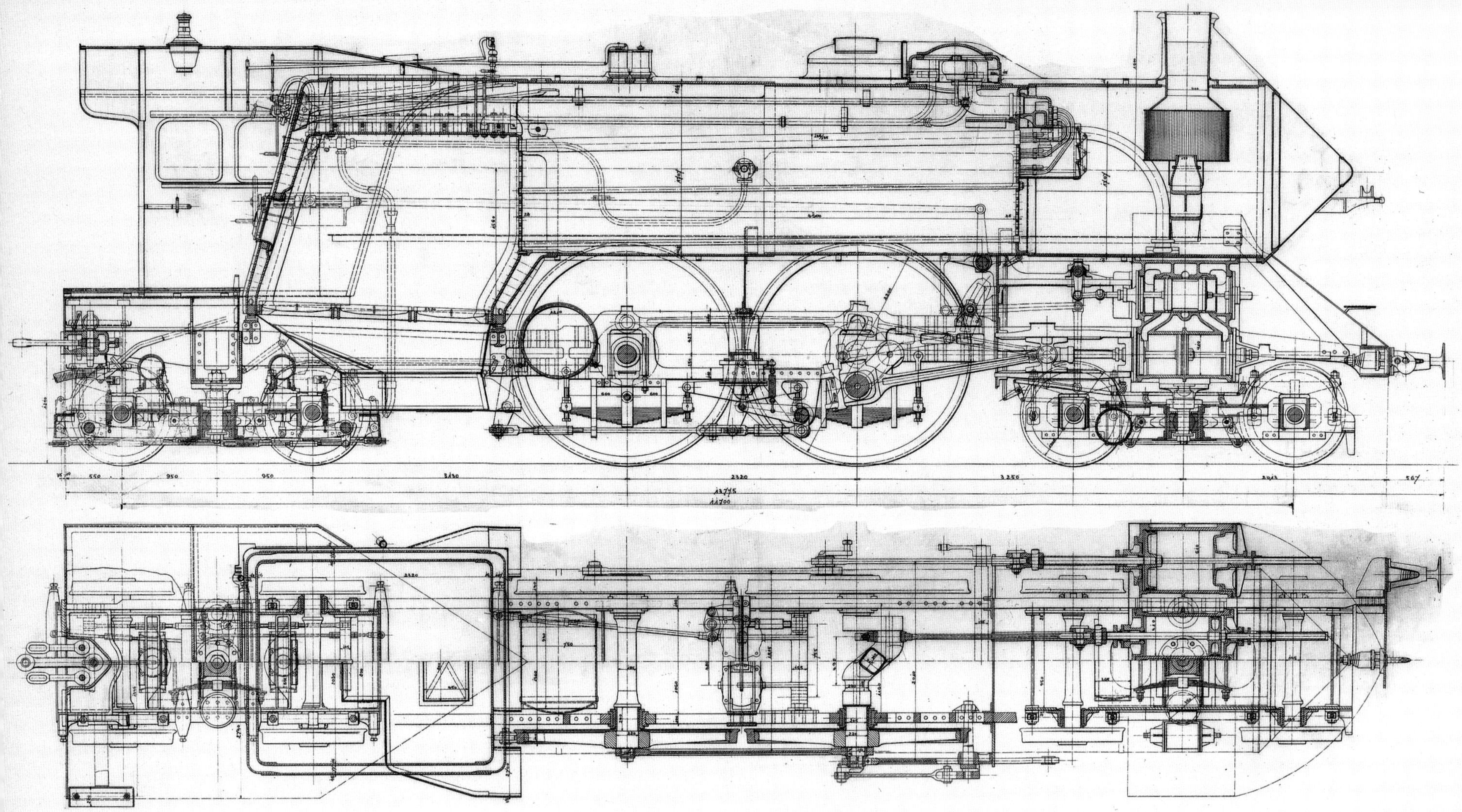
550
950
950
3190
2320
3250
2412
567
13745
11700

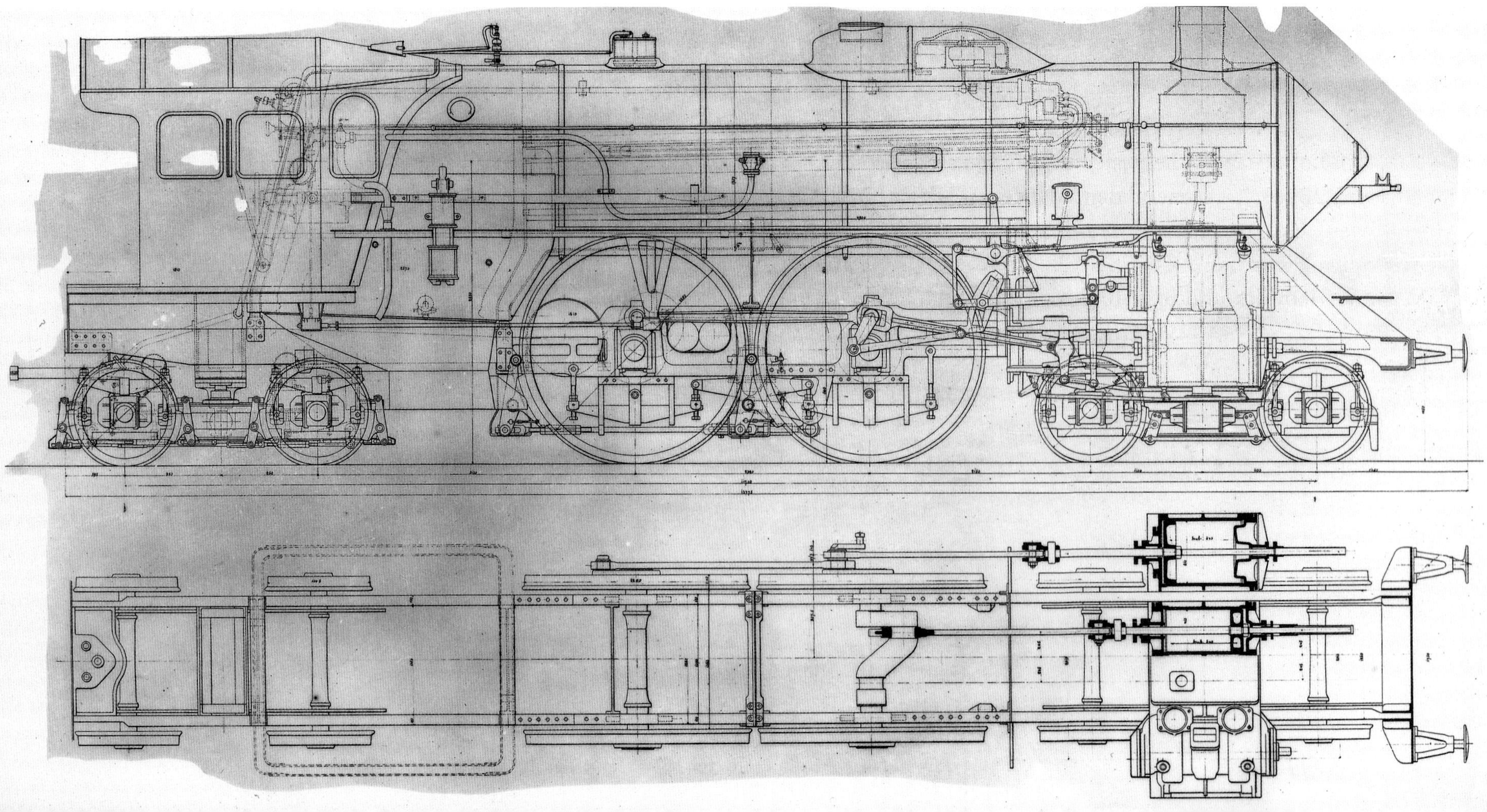

Die angestrebten 150 km/h wurden bei weitem verfehlt. Mit 221 t Zuglast schaffte die „Wittfeld-Kuhn“ gerade einmal 128 km/h, mit 109 t (weniger als Lok und Tender auf die Waage brachten!) dann 137 km/h.
Ganz anders gingen der Münchner Hersteller Maffei und sein Chefkonstrukteur Anton Hammel vor. Auf eigene Faust und ohne staatliche Bestellung bauten sie 1906 ebenfalls eine 2B2. Entsprechend den im eigenen Hause binnen ganz weniger Jahre zur Selbstverständlichkeit gewordenen Prinzipien führte man sie als Heißdampflok mit Vierzylinderverbundtriebwerk und Barrenrahmen aus. Auch die so entstehende S 2/6 erhielt 2.200 mm große Treib- und Kuppelräder. Bei grundsätzlich konventionellem Aufbau erhielt die Schnellfahrlok lediglich ein windabweisendes Antependium zwischen Pufferträger und Rauchkammer, eine Spitze vor der Rauchkammertür und ein Windschneidenführerhaus. Es entstand eine der schönsten in Deutschland je gebauten Lokomotiven. Und auch der angestrebte Erfolg war ihr gegönnt. Am 2. Juli 1907 erreichte sie auf der Strecke München–Augsburg 154,5 km/h und damit den Weltrekord für Dampflokomotiven.

Stichwort: Triebwerk der S 2/6

Die S 2/6 ist im DB-Museum Nürnberg erhalten geblieben. Der Anblick ihrer blanken Triebwerksteile weckt Träume von Schnellfahrten vor weit mehr als hundert Jahren. Bilder: Andreas Knipping

Detailansicht
(links) Die Präsentation der S 2/6 gibt Gelegenheit, einmal den Aufbau einer Dampflokomotive von außen und innen zeichnerisch fortzuführen. Wir erkennen das für alle Lokomotiven dieses Buches gemeinsame Schema mit Feuerbüchse, Langkessel, Rauchkammer, Schieberkästen, Zylindern, Triebwerken und Rahmen. Die idealen Proportionen für all diese Baugruppen zu finden, war ein Jahrhundert lang das Streben aller Ingenieurskunst.

2343
K.BAY. STS.B.

17 419
17 419

Europäisches Grundmuster im 20. Jahrhundert: Drei Radsätze angetrieben

Nassdampf und Heißdampf: Die S 3/5
(oben) Die französische Ansichtskarte erinnert an einen für alle Länderbahnen elementaren Einschnitt, nämlich die Ablieferungen an die Siegermächte aufgrund des Waffenstillstandes von 1918, in der Literatur hundertfach als „Reparationen" fehlbezeichnet. 25 von den 69 neuzeitlichen bayerischen 2C der Gattung S 3/5 traten den Weg nach Belgien und Frankreich an. Die 3357 hat bei der französischen Ostbahn ihre bayerische Nummer behalten.

Erfolg erst mit Heißdampf: die 2C

Überall in Europa war ab etwa 1895 die Zeit des Dreikupplers mit Vorlaufgestell gekommen. Zunächst waren es Bahnen mit vielen steigungsreichen Strecken in Frankreich, Baden, Bayern und Österreich, die ihre Personen- und Schnellzüge mit 2C-Loks bespannten. Die Nassdampfloks dieser Achsfolge mit herkömmlich niedriger Kessellage und Vierzylinderverbundtriebwerk wie etwa die 1894 vorgestellte badische IV e und die in einem Baumuster 1896 und in Serie 1899 erschienene bayerische C V blieben im Betrieb nur mäßig erfolgreich. Das höhere Gewicht der fünfachsigen Lokomotive und der Eigenwiderstand des vierzylindrigen Triebwerks und der nun dreiachsigen Antriebseinheit zehrten die Gewinne an Kesselreserve fast auf, so dass sich die Vorteile im Vergleich zur 2B auf das höhere Reibungsgewicht beschränkten.

Die Karriere der 2C besserte sich schlagartig, als die Konstrukteure zu einer hohen Kessellage, zum Barrenrahmen und wenig später zum Überhitzer übergingen. Mit dem Auftritt der bayerischen S 3/5 N im Jahre 1903 und der S 3/5 H wenig später 1908 war die nur wenig ältere C V in den Hintergrund gedrängt, von der noch älteren 2B der Gattung B XI ganz zu schweigen.

Zu einem für vier Jahrzehnte sehr wesentlichen Faktor der Schnellzugförderung wurde die 2C in Preußen ab 1910 mit der Familie S 10. Interessanterweise hatten die beschaffenden Direktionen die Wahl zwischen

- der S 10 als 2C h4,
- der S 10^1 als 2C h4v und
- der S 10^2 als 2C h3.

Die Vierzylinderverbundlok S 10^1 (in den beiden gleichwertigen Varianten „1911" und „1914") gilt als die gelungenste, wobei die beiden anderen Bauarten unter angemessenen Einsatzbedingungen auch hervorragende Leistungen brachten.

Bayerns konservative 2C
(oben) Das Kapitel 2C führt uns zunächst wieder zurück ins ausgehende 19. Jahrhundert. Nach Übernahme eines Baumusters von 1896 beschafften die K.Bay.Sts.B. 1899–1901 von Maffei 42 Exemplare der C V. An Kesselreserve und Reibungsgewicht vergrößert war sie natürlich der B XI überlegen, doch als Vierzylinderverbund-Nassdampflok blieb sie doch hinter den Erwartungen zurück.

S 3/5 noch bei der Reichsbahn
20 Exemplare der Nassdampf- und 24 der Heißdampfvariante der S 3/5 kamen noch zur Deutschen Reichsbahn. Wir erkennen die 17 419 von 1907 als eine harmonische zeitgemäße Vierzylinderverbundlok. Die preußische Verwaltung beharrte zu dieser Zeit immer noch auf veralteten 2B und 2B1.

Die sächsische XII HV
Die Fotosammlung, aus der ein Buch wie dieses lebt, ist nicht einfach da. So manches Bild aus Ankäufen, Schenkungen und Erbschaften vieler Jahre hat seine eigene Geschichte. Der erste Besitzer dieser Aufnahme der wohlgeratenen 17 755, einer sächsischen XII HV von 1914, hat mit spitzer Feder am 27. Juli 1931 auf der Rückseite seinen Erwerb notiert, mithin kurz vor der Ausmusterung der Lok am 30. Juni 1932.

Die einfache Variante
Der Verbundlok XII HV mit einem Beschaffungszeitraum 1906–1914 stellte Sachsen 1909 die mit zwei Zylindern einfachere XII H_1 gegenüber, ließ es aber bei neun Exemplaren bewenden, die nach 1918 zwischen französischer Ostbahn und Reichsbahn aufgeteilt wurden.

Ausgereifte Konstruktion: Die preußische S 10
Nach der Galerie preußischer Schnellzuglokomotiven jenseits der S 3 erkennt man in der 1910 erreichten 2C endlich ein für Jahrzehnte gültiges Stadium der Ausreifung. Drei gekuppelte Radsätze brachten der S 10 das nötige Reibungsgewicht, die mit einfacher Dampfdehnung auf den ersten Kuppelradsatz arbeitenden vier Zylinder die Antriebskraft.

S 10 als Reichsbahnlok
So sah die Ursprungsausführung der S 10 zur Reichsbahnzeit aus. 17 002 wurde von der BMAG 1911 gebaut und 1933 ausgemustert. Die Vierlings-2C blieb umstritten. Ein angeblich im Vergleich zu den anderen Varianten überhöhter Kohleverbrauch ist kaum beweisbar. Und auf so langen Bespannungsabschnitten wie Cöln–Altona brachte sie für zwei Jahrzehnte gute Ergebnisse.

Die preußische S 10^1
(oben) Preußische Spezialität blieben die parallelen Typen zur wahlweisen Beschaffung durch die einzelnen Direktionen. Unbestritten glückte der KPEV im Zusammenwirken mit Henschel mit der S 10^1 ein Jahrhunderterfolg. Entsprechend der Bauart de Glehn besaß die Bauart 1911 einen Zweiachsantrieb mit Wirkung der äußeren Hochdruckzylinder auf den mittleren und der inneren Niederdruckzylinder auf den vorderen Kuppelradsatz.

Ausgereifte Konstruktion
(unten) Die 1102 Bromberg hat mit den Nummernschildern 17 1008, den Windleitblechen, dem Vorwärmer vor dem Führerhaus und dem Turbogenerator auf der Rauchkammer ihren Bauzustand der Reichsbahnzeit erhalten. Über dem Pufferträger ragen die Kolbenstangenschutzrohre der Innentriebwerke hervor. Die Westzonen-Reichsbahn wird sie 1949 ausmustern. Bild: Carl Bellingrodt

S 10^1 mitten in Berlin
(rechts oben) Die S 10^1 hatte in der großen Urbanität zu Zeiten von Kaiser, Weimar und Hakenkreuz genauso ihren festen Platz wie in der Einsamkeit der weiten Streckenfahrt. Hier steht sie auf dem Ferngleis Richtung Osten des Stadtbahnhofs Berlin-Alexanderplatz.

S 10^1 Bauart 1914
(rechts unten) Mit der Bauart 1911 wurde im Betrieb gleichrangig die Bauart 1914 beurteilt. Das Auge lässt sich leicht täuschen und bei ihr eine höhere Kessellage vermuten, doch die Höhe der Kesselmitte ist mit 2.900 mm genauso gleich wie der Treibraddurchmesser von 1.980 mm. Identisch sind sogar die Maße der Zylinder lediglich mit ihrer nunmehrigen Anordnung in einer Ebene.

Berliner Verkehr am Bahnhof Alexander Platz.
DIE GUTE
MASSAR
H 38
79
Kraftomnibus
Teil-
strecke
60
5908

1110

17 1137

Dass der anspruchslose Heißdampfzwilling mit der Achsfolge 2C in Gestalt der preußischen P 8 die klassische deutsche (und polnische und rumänische und belgische) Personenzuglokomotive werden sollte, muss hier schon deshalb erwähnt werden, weil sie mit einem sehr belastbaren Kessel und einer Höchstgeschwindigkeit von 100 km/h sehr gute Leistungen auch im Schnellzugdienst erbrachte. Der P 8 ist es zuzuschreiben, dass der ununterbrochene Einsatz von 2C-Lokomotiven in Deutschland von 1894 an etwa 80 Jahre währte. Sie auch war die Totengräberin aller 2B und 2B1 in den frühen 1920er-Jahren. Was diese mit selten genug erreichten 110 oder 120 km/h an Fahrzeit einsparten, holte die dreifach gekuppelte P 8 mit dynamischer Anfahrt und gutem Beharrungsvermögen auf der Steigung locker heraus.

Bei der 2C reichte das für die 2B noch komfortable Platzangebot für den Stehkessel zwischen den Kuppelradsätzen nicht mehr aus. Man rückte die beiden hinteren Radsätze etwas auseinander und verlängerte den ursprünglich quadratischen Rost und die sich darüber entfaltende Feuerbüchse nach vorne. Es entstand die sprichwörtliche „lange schmale Feuerbüchse", die zum Markenzeichen vieler insbesondere preußischer, aber auch französischer Lokomotiven, verschiedener Achsanordnungen wurde und unter der Voraussetzung einer geschickten Arbeitsweise des Heizers gute Verdampfungsleistungen brachte.

Bei der Reichsbahn
(links oben) Auch die Bauart 1914 der S 10^1 wird nunmehr im Erscheinungsbild der Reichsbahnzeit vorgeführt. Wir erkennen die 17 1137 als eine so zweckmäßige wie schöne Maschine. Immer wieder einmal stelle man sich vor: noch unmittelbar vor solchen Lokomotiven hatte die preußische Verwaltung die vom ersten Tage an überforderten zweifach gekuppelten S 5^2, S 7 und S 6 in Dienst gestellt. Bild: Carl Bellingrodt

Hergestellt von Hanomag
(links unten) Und die Dritte im Bunde der S 10 war die dreizylindrige S 10^2. Mag sein, dass diese S 10^2 auf dem Fabrikhof von Hanomag wirklich so farbenfroh ausgesehen hat. Die Reichsbahn lackierte alle Dampflokomotiven schwarz, behielt aber zur besseren Erkennbarkeit von Rissen die rote Hervorhebung von Rahmen, Rädern und Gestänge bei.

Im Ersten Weltkrieg gebaut
(unten) Die S 10^2 wurde in der Praxis mit den vorgenannten Typen gleichrangig beurteilt und beweist damit, dass man mit mehreren Kessel- und Triebwerksvarianten gut fahren konnte, wenn die Dimensionen richtig gewählt und die Details sorgfältig ausgeführt waren. Die Vulcan 3000/1915 lief bei der Reichsbahn als 17 233.

Bei der Reichsbahn
(links oben) Als 17 254 reihte sich die 1213 Münster in den riesigen Lokomotivpark der Deutschen Reichsbahn ein. Fast alle S 10^2 oder 17^2 wurden in westlichen Regionen Preußens und Deutschlands eingesetzt und dort in der ersten Zeit nach dem Zweiten Weltkrieg ausgemustert. Bild: Carl Bellingrodt

Hochdrucklok
(rechts oben) Als einzige Länderbahngattung wurde die S 10^2 in die Versuche mit höherem Kesseldruck einbezogen. Die 1925 zur Hochdruck-Verbundlok umgebaute 17 206, fortan H 17 206, bot mit ihrem für 60 bar befähigten Zwei-Kammer-Kessel einen ungewohnten Eindruck.

Mitteldrucklok
(rechts unten) Unauffällig wirkten hingegen die 1932 auf einen Mitteldruck von 25 bar umgebauten 17 236 und 239. Auch bei ihnen arbeiteten nun im Sinne einer Verbundmaschine der Innenzylinder mit Hochdruck und die Außenzylinder mit Niederdruck. Die physikalisch richtigen Überlegungen zum Kesseldruck waren in der Wirklichkeit seinerzeitiger Stahlqualitäten nicht praxistauglich einsetzbar. Bild: Carl Bellingrodt

BESCHAFFUNG GROSSRÄDRIGER 2C

Betreiber und Hersteller	Stück
KPEV von BMAG, Hanomag, Henschel, Linke-Hofmann und Vulkan 1910–1916	563
K.Bay.Sts.B. von Maffei 1899–1911	111
K.Sä.Sts.B. von Hartmann 1906–1912	55
Reichseisenbahnen Elsass-Lothringen von Grafenstaden und Henschel 1902–1915	127
Lübeck–Büchener Eisenbahn v. Henschel 1912–1932	15
Einsatz bis 1961	

HENSCHEL
CASSEL
2184b

17 239

Die oldenburgische S 10

Hanomags Fehlschlag für Oldenburg
Der Gedanke der Innovation leitet über zur Betrachtung der einzigen deutschen 1C1-Schnellzugtype und auch der einzigen mit Lentz-Ventilsteuerung. Jeder Erfolg blieb aus.

Die 2C soll nicht verlassen werden ohne eine Erwähnung ihrer in Deutschland besonders glücklosen Konkurrentin 1C1. Es lag ja nahe, einen Dreikuppler mit Krauss-Helmholtz-Gestell und Schleppachse zu bauen. In Österreich, Italien, Jugoslawien, der Tschechoslowakei, Großbritannien und der Sowjetunion waren solche Schnellzugloks in großer Zahl erfolgreich. Für deutsche Bahnen wurden mit der oldenburgischen S 10 genau drei Stück gebaut, die sich überhaupt nicht bewährten. Die schlichte P 8 fuhr ihr in Sachen Leistung, Geschwindigkeit, Kohleverbrauch und Unterhaltungsaufwand souverän davon. Noch radikaler war der gänzliche Verzicht Frankreichs auf Schlepptenderloks dieser Achsfolge. Erst nach 1945 sollte die 1C1 in beiden Teilen Deutschlands späte Rehabilitierung erfahren, und zwar als Personenzuglok mit allerdings lebhaftem Einsatz vor Schnellzügen.

BESCHAFFUNG GROSSRÄDRIGER 1C1

Betreiber	Stück
Ghzl.Old.Sts.B. 1917 von Hanomag	3
Einsatz bis 1925	

Die Pacific siegt

Nach all dem, was wir über das zu geringe Reibungsgewicht der 2B1 und über die Stehkesselbegrenzung der 2C erfahren haben, kann uns der nächste Entwicklungsschritt nicht überraschen. Man ergänzte die grundsätzliche Anordnung der 2C um die Schleppachse der 2B1. Auf den sechs Radsätzen der 2C1 ließ sich nun wirklich ein leistungsfähiger Kessel unterbringen, und das Reibungsgewicht auf den drei angetriebenen Radsätzen ließ für den Schnellzugdienst kaum Wünsche offen. Wenige Monate nach französischen Nassdampf-Prototypen mit Blechrahmen folgte die von Maffei gebaute badische IV f als erste deutsche Pacific. Sie war als Heißdampflok mit Barrenrahmen und breitem Stehkessel über der Nachlaufachse moderner konzipiert. Leider hatte man als Kompromiss zwischen den Anforderungen der ebenen Rheintalstrecke und denen der steilen Schwarzwaldbahn einen Treibraddurchmesser von nur 1.800 mm gewählt. Für die Ebene war die IV f dann nicht schnell genug, auf der Steigung nicht stark genug. Sehr schnell begann nun bei fast allen großen Bahnen Frankreichs und Deutschlands (außer Preußen) der Siegeszug der Pacific. Bei den deutschen Länderbahnen waren alle Pacifics Heißdampfloks und alle außer der sächsischen XVIII H Vierzylinderverbundloks. Nur noch Elsass-Lothringen beschaffte sie in Bauart „de Glehn“; Baden, Bayern, Württemberg und Sachsen wählten – außer bei der badischen IV h – die Bauart „von Borries“, bei der die vier Zylinder und die vier Schieberkästen in einer Ebene über dem Drehgestell und unter der Rauchkammer angeordnet sind und alle vier Triebwerke auf die mittlere Treibachse

Aus München für Baden
(links unten) Es lag nahe, die drei Kuppelradsätze der 2C mit der großzügigen Hinterpartie der 2B1 zur 2C1 zu kombinieren. Die Badischen Staatsbahnen wünschten eine Bauart sowohl für das ebene Rheintal als auch für die steile Schwarzwaldbahn. Die von Maffei 1907 gebaute IVf konnte beiden Forderungen nicht genügen.

Geburt einer Legende
(oben) Unter grundsätzlicher Beibehaltung des Aufbaus der IVf konnte Maffei dann mit einem von 1.800 mm auf 1.870 mm erhöhten Treibraddurchmesser die bayerische S 3/6 schaffen, die bis heute als eine der gelungensten deutschen Schnellzugdampflokomotiven gilt. Theoretiker und Fahrdienst sind sich einig darüber, dass ihr Erfolg nicht auf einer besonderen Genialität beruhte, sondern auf der idealen Abstimmung zwischen Feuerbüchse, Langkessel, Verbund maschine, Triebwerk und Laufwerk. Wir sehen die für eine Ausstellung 1908 in München besonders geschmückte zweitgebaute 3602.

Eisenbahnromantik
Die Königin der bayerischen Lokomotiventwicklung regte auch die Künstler an. Auf dem linken Gleis einer wild romantischen Alpenstrecke war die S 3/6 freilich nicht unterwegs.

arbeiten. Deutschland hielt in Europa hinsichtlich der Verbreitung der 2C1 mit 925 solchen Loks den zweiten Platz nach Frankreich (ca. 1.350). Etwa von 1930 bis 1960 und mithin vom Bedeutungsverlust der 2C bis zum spürbaren Vordringen von Elektro- und Dieselbetrieb war die Pacific weitaus dominierender Normalfall für die Bespannung eines Schnellzugs in Deutschland. Wir können unterscheiden:

- Die glanzvolle Reihe der Vierzylinderverbundloks von Maffei führte von der badischen IV f zur legendären bayerischen S 3/6, die in verschiedenen Varianten über 22 Jahre in 159 Exemplaren gebaut wurde. Sie blieb die beste deutsche Schnellzuglok für Strecken mit wechselnden Neigungsprofilen und für Geschwindigkeiten zwischen 80 und 120 km/h. Den Abschluss bildete am Ende von Weltkrieg und Länderbahnzeit die wiederum badische IV h, bei der alle Fehler der IV f gründlich kuriert wurden. Sie blieb bis 1935 die schnellste deutsche Dampflok.
- So originell wie erfolgreich waren die elsass-lothringische S 12 mit eng an den letzten Kuppelradsatz herangerücktem Nachlaufradsatz und schmaler Feuerbüchse, die elegante württembergische C und die sächsische XVIII H.

Auf dem preußischen Netz kam man jedenfalls für die

weiten Ebenen Norddeutschlands mit den 2C der Familie S 10 aus. Wer sich vor Augen hält, wie schnell die 1B, 2B, 2B1 und 2C hinter den Forderungen des Betriebes – und hinter den gebieterischen Forderungen von Politik und Medien nach schnelleren Zügen! – zurückgeblieben waren, wird den alsbaldigen Schritt auch über die Pacific hinaus für unvermeidlich halten. Doch wurde sie bis zum Ende des Dampflokzeitalters nicht verdrängt.

Die Gründe für ein Innehalten bei der 2C1 sind zunächst einmal in der allgemeinen Geschichte zu suchen. 1914 unterbrach der Erste Weltkrieg die große Epoche der Expresszüge und den friedlichen Wettbewerb um die schnellsten Züge. Überall in Europa war es fürs Erste die Hauptaufgabe der Eisenbahnen, mit anspruchslosen Güterzugloks Truppen, Verwundete, Gefangene und Nachschub sowie Rohstoffe für die unerhört expandierende Rüstungsindustrie zu befördern. Wichtig ist aber auch die Erkenntnis, dass die Schnellzuglok inzwischen eine Ausreifung erlangt hatte, die eine weitere Leistungssteigerung nicht dringlich und eine echte Verbesserung schwierig machte. Die preußische S 10^{1} für Norddeutschland und die bayerische S 3/6 für Süddeutschland waren ideale Lokomotiven für die Bespannung des zeittypischen Schnellzuges mit etwa zehn Wagen in dem durch Gleisbeschaffenheit, Signaltechnik, Wagenmaterial und Bremssysteme definierten Korridor zwischen 90 und 120 km/h.

Eine echte Schönheit
Nach der Vorstellung unzähliger früh ausgemusterter Länderbahntypen sahen wir schon bei der preußischen S-10-Familie den Reichsbahnzustand. Die 18 442 repräsentiert die besonders elegante Variante der S 3/6 mit 2.000 statt 1.870 mm Treibraddurchmesser. Im Betrieb war die „Hochhaxige“ aber gegenüber der Regelausführung nicht grundsätzlich überlegen. Bild: Carl Bellingrodt

Postkartenmotiv

Der Wunsch zur „glücklichen Fahrt ins neue Jahr“ gewinnt durch die Jahreszahl einen schmerzlichen Beiklang, denn im angekündigten Jahr 1914 fuhren die Züge und mit ihnen die Menschen in Tod und Verderben des Weltkrieges. Völlig präzise lässt der Maler die dritte Signallaterne an der Rauchkammertür unbeleuchtet, denn sie war kein Vorbote des späteren Dreilichtspitzensignals, sondern ein Zusatzsignal für Fahrten auf dem falschen Streckengleis.

Unübertroffen auch noch in der Weimarer Republik
Erst nach dem Ersten Weltkrieg bestellt und 1924 gebaut war die 18 505, die wir weitab von Bayern in Rüdesheim am wasserarmen Rhein in voller Fahrt vor D 404 Krefeld–Wien bewundern.
Bild: Carl Bellingrodt

S 3/6 aus Kassel
links) Erst 1930 von Henschel wurde 18 537 als eine der letzten Dampflokomo-iven nach Länderbahnmuster gebaut. Bleibendes Kompliment für Maffei und 3ayern und bittere Pille für die Väter der Einheitslok: Der Betrieb erkannte in der ebenfalls 1930 erschienenen 03 keinen signifikanten Vorteil gegenüber der zwei ahrzehnte älteren S 3/6. Bild: Carl Bellingrodt

16
18 127

18 118

Die einzige Pacific in Württemberg
(links) Eine für das Hügelland günstig proportionierte und zugleich ästhetisch gelungene Pacific war die württembergische C, insgesamt die einzige moderne Schnellzuglok Württembergs. Eigenwillig war ihre Umlaufschürze. Bild: Carl Bellingrodt

Württembergerin noch bei der Bundesbahn
(links unten) Die C oder spätere 18^1 wurde noch bis 1955 eingesetzt. Das Foto der 18 118 entstand in Bundesbahnzeiten.
Bild: Carl Bellingrodt

S 12 Aus Elsass-Lothringen

Im Vergleich zur bayerischen S 3/6 war die ein Jahr jüngere elsass-lothringische S 12 in typischer Bauart de Glehn kaum eine echte Pacific, sondern eher eine 2C mit zusätzlicher Stützachse.

Im Ersten Weltkrieg gebaut
(rechts) Mitten im Ersten Weltkrieg legte sich für Schnellzüge Dresden–Berlin auch die sächsische Bahn eine Pacific zu. Die XVIII H war die erste 2C1 mit Drillingstriebwerk.

Bei der Reichsbahn
(unten) Die DR setzte die 18^0 noch bis in die 1960er-Jahre in ihrem sächsischen Stammgebiet ein. Bild: Gerhard Illner

Großstadtatmosphäre
(rechts unten) Eine meisterliche Fotografie aus der Zwischenkriegszeit zeigt uns die nunmehrige 18^0 an jener Stelle im alten Berlin, an der Anhalter Bahn und Dresdner Bahn den Landwehrkanal über- und die Hochbahn unterquerten.

Berlin. Überführung der Hochbahn über Anhalter Bahn und Landwehrkanal.

Schnellzug im Winter
18 477 führt in einem Winter der Zwischenkriegszeit einen internationalen Luxuszug. Die Landschaft passt am ehesten zur Allgäubahn, doch fuhr hier kein blauer „L“. Erneut ein Aquarell von Heribert Schröpfer.

18477

Wir ziehen auch für die 2C1 wieder eine Zwischenbilanz, allerdings nur für die Länderbahnzeit einschließlich Nachbauten von Länderbahntypen in der Reichsbahnzeit.

Rekordhalterin
(unten) Die letzte Länderbahn-Pacific entstand an der Schwelle des Übergangs zur Reichsbahnzeit. Die badische IV h war 1918 die schnellste deutsche Lokomotive und bewahrte sich diesen Rang bis 1935. Eigenartig war die Hintereinanderschaltung der Schieberkästen für Hoch- und Niederdrucktriebwerke. Grund hierfür war der Übergang zum Zweiachsantrieb mit der dadurch bedingten Vorziehung der Innenzylinder. Um die zentrale Kuppelachse zu entlasten, ließ Anton Hammel von Maffei die Innentriebwerke auf den vorderen Kuppelradsatz wirken. Er hatte nun eine Kropfachse.

BESCHAFFUNG VON 2C1 DER LÄNDERBAUARTEN (ALLE GROSSRÄDRIG)

Betreiber und Hersteller	Stück
Ghzl.Bad.Sts.B. von Maffei 1907–1912 und 1918–1920	55
K.Bay.Sts.B. und DRB von Maffei und Henschel 1908–1918, 1923–1930	149
K.Württ.Sts.B. von Esslingen 1913–1921	41
Pfalzbahnen von Maffei 1914	10
K.Sä.Sts.B. von Hartmann 1917	10
Reichseisenbahnen Elsass-Lothringen von Grafenstaden 1909	8
Ghzl.Bad.Sts.B. von Maffei und MBG Karlsruhe 1907–1920	55
Einsatz bis 1965	

Adriatic 1C2

Wir wollen die Pacific nicht verlassen, ohne einer interessanten Abweichung zu gedenken: Der großeLokomotivkonstrukteur Karl Gölsdorf, verantwortlich für alle Lokomotivtypen der kkStB in der westlichen Reichshälfte der Donaumonarchie in den letzten 25 Jahren ihrer Existenz, hat die 2C1 zur 1C2 „umgedreht". Aus unbekannt gebliebenen Motiven entschloss sich die Preußische Staatseisenbahnverwaltung zum Ankauf von sieben Exemplaren mit Brotankesseln und reihte sie 1919 als Gattung S 11 ein. Schon 1921 verkaufte man sie an die Polnischen Staatsbahnen, die schon eine größere Zahl von 210/310 besaßen.

Im Dienste der Reichsbahn
(oben) Die später montierten Windleitbleche verstärkten noch den überaus kraftvollen Eindruck der badischen IV h oder 18^3 der DRB. In etwas unterschiedlichen Neigungen ragen die Kolbenstangenschutzrohre hervor. Bild: Carl Bellingrodt

BESCHAFFUNG VON 1C2 (GROSSRÄDRIG)

Betreiber und Hersteller	Stück
P.St.E.V. 1919 von Floridsdorf	7

Achtung!
qualmen.
7
8
10
03 104

Schnellzuglokomotiven für Republik und Diktatur

Größer als 2C1: Der schwierige Vierkuppler

Auch nach 1918 hatte die Eisenbahnen im politisch und wirtschaftlich zerrütteten Europa andere Sorgen als den Ausbau des hochwertigen Fernzugdienstes. Einer kurzen Erholung folgte die Weltwirtschaftskrise mit ihren Verkehrsrückgängen. Als in den 1930er-Jahren die verkehrspolitischen Signale für kurze Zeit wieder auf Fahrt standen, konnte man wieder an längere und schnellere Züge denken. Andere Zweige der Eisenbahntechnik waren aber inzwischen nicht auf dem Stand von 1914 stehen geblieben. Leichtere vollständig geschweißte Wagenbauarten machten manchen Schritt zur nächstgrößeren Lokomotive entbehrlich. Nach der Verstärkung des Oberbaus auf vielen Hauptbahnen – es ging um die Steigerung der zulässigen Achsfahrmassen von 14–15 t auf 18–20 t – konnte auf sechsachsigen Maschinen weit mehr Leistung installiert werden als zuvor. So manche europäische Strecke, auf der die Dampflok einst ihr Äußerstes gegeben hatte, war inzwischen elektrifiziert. Und wo man im Vorgriff auf Investitionsprogramme an Gleisen, Signalen, Loks und Wagen eine sprunghafte Beschleunigung des schnellen Geschäftsreiseverkehrs wünschte, empfahl sich der Dieseltriebwagen.

Wenig später verlangte ein Zweiter Weltkrieg wiederum nur die äußerste Steigerung des Transportvolumens im Rahmen verdichteter Fahrpläne, die sich an den Fahrzeiten von Güterzügen orientierten. Dann folgten Jahre, in denen man froh war, wenn sich überhaupt Räder drehten; und anschließend konnten im Zuge der flächendeckenden Elektrifizierung und der Verdieselung nur noch Nachhutgefechte für die moderne Dampflokomotive geführt werden.

Die Vergrößerung der Schnellzuglokomotive über die sechs Radsätze der 2C1 hinaus begegnete aber auch technischen Problemen. Wollte man die Dampfreserven steigern und einen größeren Kessel vor allem mit geräumigerem Stehkessel unterbringen, konnte man zur 2C2 übergehen. Weil aber die Mehrlast einer solchen Maschine nicht als Reibungsgewicht nutzbar war, blieb das Häuflein der deutschen, britischen, französischen und ungarischen Versuchsausführungen dieser Radsatzanordnung klein. Plausibler war die Verwendung einer vierten Kuppelachse mit dem unzweifelhaften Vorteil eines erhöhten Reibungsgewichts. Eine 1D1 musste nicht einmal größer sein als eine 2C1. Doch gerade die Vermehrung der gekuppelten Radsätze von drei auf vier erhöht den Eigenwiderstand der Dampflokomotive unverhältnismäßig, nämlich sehr viel stärker als dies beim Übergang vom Zwei- zum Dreikuppler gemessen wurde. Zumal mit großem Raddurchmesser ist eine vierachsige durch Kuppelstangen versteifte Antriebseinheit eine im Gleisbogen und auf Weichenstraßen recht schwergängige Maschinerie. Um ein solches Räderwerk nebst drei oder vier Triebwerken und Steuerungen zu beschleunigen und ihm bei konstanten 100 oder 120 km/h in der Ebene oder 70–90 km/h auf längerer Steigung noch einen spürbaren Leistungsgewinn am Zughaken abzugewinnen, bedurfte es eines Kessels, der kaum auf weniger als sieben Achsen unterzubringen war. Die 1D2 oder 2D1 war dann allerdings ein wahrer Gigant, der für Drehscheiben und Schuppengleise

Einheitslok mit Symbolwert
(links oben) Kaum ein Eisenbahnmotiv wurde in Modell, Grafik oder Gemälde so vielfältig umgesetzt wie die Einheitsschnellzuglok mit den großen Windleitblechen.

Traum des Eisenbahnfreunds
(links) 1935 traf der Fotograf die allesamt hervorragend gepflegten 39 126, 01 110 und 03 104 im Bw Hamm P an. Große Windleitbleche waren längst ein international bekanntes Markenzeichen der Deutschen Reichsbahn. Bild: Carl Bellingrodt

neue Probleme aufwarf. Unbefriedigend blieb die Bilanz oftmals: Eine sieben- oder achtachsige Schnellzuglok wendete für ihr eigenes Fortkommen unter vielen Betriebsbedingungen mehr Kohle auf als für die Beförderung des angehängten Zuges.

Schwierig wurde auch die Durchbildung eines geeigneten Dampferzeugers. Unter den europäischen Lichtraumgrenzen war die Vergrößerung des Kessels nur noch in Längsrichtung möglich, was von den bei der Pacific erreichten idealen Proportionen wegführte. Nach alledem verwundert es nicht, dass die Zahl der Schnellzugdampfloks jenseits der Pacific gering blieb. Aus der zu Ende gehenden deutschen Länderbahnzeit ist gerade einmal eine einzige echte vierfach gekuppelte Schnellzuglok zu benennen, nämlich die sächsische XX HV mit 1.905 mm großen Treib- und Kuppelrädern. Als größte, stärkste und zugleich letzte Länderbahnschnellzuglok erregte sie 1918 bei ihrem Auftritt auf der

Jubiläum bei Hartmann
(oben) Die mächtige sächsische XX HV war die einzige vierfach gekuppelte Schnellzuglok der Länderbahnen. Die Ansichtskarte illustriert den Abstand zur sechzig Jahre älteren VI a, die wir weiter oben kennengelernt haben.

Mächtige XX HV
(rechts oben) Eine solche Zylinderpartie, eine solche Front von Antriebsrädern und einen solchen Kessel hatten die auf Bahnsteigen oder an Bahnübergängen wartenden Zaungäste noch nicht gesehen. Immer wieder erinnernswert: Gut ein Jahrzehnt vor der sächsischen XX HV war die kaum halb so schwere 2B deutschlandweiter Standard gewesen.

Im Ersten Weltkrieg gebaut, noch in der DDR verwendet
(rechts) Immer deutlicher werden in unserer Galerie die Einflüsse der Reichsbahnzeit. Die einzige nennenswerte vierfach gekuppelte Schnellzuglok der deutschen Geschichte fuhr als 19⁰ durch die längste Zeit ihres Lebens in bewegten Jahrzehnten.
Bild: Werner Hubert

73

19 004

steigungsreichen Verbindung Hof–Reichenbach–Chemnitz–Dresden–Görlitz größte Bewunderung. Ganz glücklich wurde der Betrieb mit dem Lokomotivgiganten nicht. Mit Rücksicht auf begrenzte Drehscheibenlängen hatte man die vierzylindrige Antriebseinheit zu gedrängt ausgeführt. Dadurch waren die Dampfwege zu den Hochdruckzylindern und zwischen den Hoch- und den Niederdruckzylindern zu eng ausgefallen, mit der Folge einer empfindlichen Leistungseinbuße. Es fiel auch geübten Personalen schwer, die Maschine auf mehr auf 90 km/h zu beschleunigen.

Die Weiterentwicklung der Schnellzuglokomotive über die Pacific hinaus fand größtenteils im Ausland statt. Die Radsatzanordnung 1D2 ermöglichte bei begrenzbarer Baulänge einen großen Stehkessel. In Erinnerung bleiben die 1927 entstandenen mächtigen 114/214 der BBÖ mit einer Radgröße von 1.940 mm für 110/120 km/h. Die 214 wurde in Rumänien nachgebaut. Hierzulande werden die russischen bzw. sowjetischen Lokomotiventwicklungen kaum wahrgenommen. Wer etwa kennt die 1932–1942 in beeindruckenden 649 Exemplaren gebaute 1D2-Schnellzuglok ИС (IS)

BESCHAFFUNG VON GROSSRÄDRIGEN 1D1

Betreiber und Hersteller	Stück
K.Sä.Sts.B. von Hartmann 1918–1923	23
Einsatz bis 1971	

Die Zuverlässige
Keineswegs zufällig hat diese P 8 einen typenreinen preußischen Schnellzug am Haken. Die deutsche Politik des Irrsinns schuf und konservierte für Jahrzehnte eine Verkehrswirtschaft, in der die zuverlässige Führung langer Züge mit 70-100 km/h wichtiger war als jeglicher Schnellverkehr. Eine ideale Aufgabenstellung für die so sparsame wie leistungsfähige Preußin.

Die preußische P 10
Im Bereich der Vierkuppler setzte sich nicht die komplizierte sächsische XX HV durch, sondern die bescheidener dimensionierte dreizylindrige P 10 mit derselben Achsfolge. Auch für diese Personenzuglok gilt die Bilanz des massiven Einsatzes und guten Erfolges im Schnellzugdienst. Bild: Carl Bellingrodt

mit 1.850 mm großen Treib- und Kuppelrädern? Gewiss, ihre Reihenbezeichnung steht für die Initialen des grausamen Diktators Josef Stalin, doch mindert dies nicht die Leistung der Konstrukteure.

Die aus deutscher Sicht bedeutsamste ausländische 1D1 war die polnische Pt31. In ihrer Typenbezeichnung ist das erste Baujahr 1931 verschlüsselt. Es handelte sich um eine überraschend einfach gebaute zweizylindrige Schnellzuglok für das Hügelland mit immerhin 1.850 mm Treibraddurchmesser. Bei Anlehnung an die Bauprinzipien der deutschen Einheitslokomotiven mit nahezu denselben Kesselproportionen wie bei der 01 wurden deren Probleme bei der Pt31 eigenartigerweise niemals formuliert. Deutschen Strecken und Fahrplänen musste die Pt31 als nunmehrige Reihe 19^1 der DRB genügen, nachdem sie als Raubgut des Polenfeldzuges in beträchtlichen Zahlen nach Bayern und ins angeschlossene Österreich verbracht worden war. Nach dem Zweiten Weltkrieg wurde die erfolgreiche 1D1 in modernerer Gestalt als Pt47 weitergebaut.

Die Beinahe-Schnellzuglok: Baureihe 39

Der mäßige Erfolg der großen sächsischen 1D1 bedeutet nicht, dass Lokomotiven dieser Achsfolge für die Schnellzugbeförderung in Deutschland keine Rolle gespielt hätten, wenn auch mit Treibraddurchmessern unterhalb des für die Schnellzuglok gültigen Grenzwertes. Für den Schnellzugdienst unverzichtbar wurde die dreizylindrige 39 aus dem Jahre 1922, bestellt und entwickelt noch als preußische P 10. Mit nur 1.750 mm großen Treib- und Kuppelrädern war diese für 110 km/h zugelassene 1D1 unter die Personenzugloks einzureihen, obwohl sie fast ausschließlich im Schnellzugdienst des gesamten Mittelgebirgsraumes eingesetzt wurde. Frühzeitig wurde die „Preußin" auch in Baden, Württemberg, Nordbayern und Sachsen heimisch. Vor schweren Zügen wurden ihr Anfahrvermögen aus den Bahnhöfen heraus und ihr Beharrungsvermögen auf Steigungen geschätzt. Die Handhabung der 39er war indes nicht einfach. Nach französischen Vorbildern hatte man das Platzproblem für den Stehkessel über der hinteren Laufachse mit einer Feuerbüchse gelöst, die sich hinten breit entfaltet, sich vorne aber zwischen die hinteren Kuppelräder zwängt. Ein Heizer musste seine Maschine gut kennen und sein Handwerk gut beherrschen, um genügend Kohle auf die hinteren Ecken des Rostes zu bringen.

Nach alledem ergab sich in den Jahren nach der Zusammenfassung der Länderbahnen 1920 zu den Reichseisenbahnen eine radikale Reduzierung der Typenvielfalt für Schnellzüge auf der Basis eines schlichten Raddurchmessers von 1.750 mm. Schon erwähnt wurden die hervorragenden Leistungs- und Wirtschaftlichkeitsergebnisse der P 8 (2C), wenig später 38^{10} der DRB. Noch bis 1923 wurde ihr Bestand auf stolze 3.438 erhöht, eine Summe weit oberhalb des Gesamtbestandes aller aktuell vorhandenen Schnellzug- und sonstigen Personenzugloks. Sie konnte viele Eil- und D-Züge problemlos fahren. Und wie eben dargestellt half vor schwereren Zügen und im Mittelgebirge die vierfach gekuppelte 39 mit 260 Exemplaren aus. All die auf den vergangenen Seiten skizzierten vielfach interessanten 2B und 2B1 aus den letzten beiden Jahrzehnten vor dem Ersten Weltkrieg spielten nach dem Ende jenes Krieges kaum mehr eine Rolle und wurden nach oft wenig mehr als zehn Betriebsjahren verschrottet.

Lokomotiven für die Weimarer Republik

Wie oft hat nicht der Eisenbahnfreund gelesen, dass zum 1. April 1920 die Deutsche Reichsbahn „gegründet wurde“. Diese Formel wird der historischen Dynamik der Ereignisse nicht gerecht. Das Kaiserreich hatte den Weltkrieg verloren. Der Waffenstillstand von 1918 hatte den Länderbahnen einen unglaublichen Aderlass an Lokomotiven und Wagen aufgezwungen. Die Novemberrevolution hatte das Reich und die Länder zu Republiken gemacht. In erbitterten und

Produziert fürs Ausland
Lokomotiven waren ein wichtiger Exportartikel. Deutsche Hersteller bauten Schnellzugloks u. a. für Russland, Frankreich, Dänemark, Norwegen, die Niederlande, Italien, Spanien, Jugoslawien, Ungarn und Bulgarien. Hier sehen wir eine von Maffei gebaute Pacific 1922 bei ihrer Überführung ins Bestimmungsland Rumänien.

oftmals auch bewaffneten Kämpfen hatte sich die parlamentarische Demokratie auf der Basis einer nur mäßig modernisierten Gesellschaftsordnung und gestützt auf hergebrachte Eliten gegen die Alternativen eines revolutionären Sozialismus oder einer nationalistischen Diktatur durchgesetzt. Außenpolitisch stand das isolierte Deutschland vor den extremen Reparationsforderungen der Siegermächte. Innenpolitisch mussten Millionen ehemalige Soldaten mit Beschäftigung und Wohnung und hunderttausende Kriegsversehrte und Kriegerwitwen mit staatlicher Versorgung befriedigt werden. Gewalt in abstruser Theorie genauso wie in blutiger Praxis bedrängte und bedrohte die junge Weimarer Republik vom ersten Tage an. In verzweifelter Defensive erkannten wirkliche Patrioten verschiedener politischer Rich-

Schweißtreibende Arbeit
An der Schwelle von der Länder- zur Reichsbahnzeit schauen wir in eine Lokfabrik. Bei Jung wird eine Treibstange geschmiedet. Die Herstellung einer Dampflokomotive erforderte ungeheure Schwerarbeit in Walzwerk, Gießerei und Schmiede.

tungen das Gebot der nationalen Verantwortung. Der heute fast vergessene Matthias Erzberger, seit 1903 Reichstagsabgeordneter des katholischen Zentrums und 1918 Leiter der deutschen Waffenstillstandsdelegation, betrieb u. a. die Schaffung des reichseinheitlichen Einkommensteuerrechts und die Übernahme der Eisenbahnen in die Reichsverwaltung. Er war auch verantwortlich für die freilich gewagte Finanzpolitik, die mit planmäßiger Steigerung des Geldvolumens und damit unter Inkaufnahme stetiger Inflation die Kaufkraft und die Investitionstätigkeit steigern wollte. Die Hochinflation 1923 erlebte er nicht mehr. Die nationalistischen Feinde der Demokratie hatten den Friedenspolitiker nicht vergessen. Am 26. August 1921 trafen ihn die tödlichen Kugeln der Attentäter.

Die erste 01 im Porträt
(unten) Mit der 01 wollte die DRG eine neue Epoche von Lokomotivbau und Zugförderung beginnen. Konzeptionelle Mängel und widrige Zeitumstände verhinderten den ganz großen Erfolg. Aber eindrucksvoll war sie geraten, die 01 001. beide Bilder: Carl Bellingrodt

Traum des Eisenbahnfreunds
(rechts) So sah man die 01 noch in langen Nachkriegsjahrzehnten, wenn auch nicht mehr im glänzenden Lack der fabrikneuen 01 110.

Als die deutschen Bundesstaaten ihren von Kriegseinsatz, Waffenstillstandsabgaben und Nachkriegsnot schwer beeinträchtigten Eisenbahnbesitz zum 1. April 1920 dem Reich übergaben, befanden sich darin an neueren dreifach gekuppelten Schnellzuglokomotiven rund 800 mit der Achsfolge 2C und 172 Lokomotiven mit der Bauart 2C1, hierunter nach den Waffenstillstandsabgaben und unter Einrechnung der erst nach dem März 1920 gelieferten Exemplare 55 badische, 70 bayerische, 37 württembergische und 10 sächsische Maschinen. Die S 3/6 wurde dann mit weiteren 70 Exemplaren bis 1930 nachbeschafft. Mit Inflationsgeld konnten die Nachbauten der P 8 und die P 10 billig bezahlt werden, während Reichsbahngremien und Lokhersteller schon an Entwürfen für die Zukunft zeichneten.

Zu der Zeit, da diese Loks unter den Nummernreihen 17, 18 und 39 der Deutschen Reichsbahn zusammengefasst wurde, wurden auch die ersten 2C1 gebaut, die Einheitsloks der Baureihen 01 und 02.

Die Einheits-Pacifics 01 und 02 der Deutschen Reichsbahn

Die Gremien der Deutschen Reichsbahn, ab 1924 als privatrechtliche Deutsche Reichsbahn Gesellschaft firmierend, fühlten sich einer rationalen und wissenschaftlichen Denkweise verpflichtet. Auf dem Lokomotivsektor nahm man das Riesenwerk der Normung aller Verschleißteile mit dem Ziel der freizügigen Austauschbarkeit innerhalb einer Baureihe anlässlich von Ausbesserungen in Angriff. Die Verweildauer in den nun streng betriebswirtschaftlich strukturierten Ausbesserungswerken konnte denn auch recht bald von Monaten auf Wochen reduziert werden. Allein dadurch wuchs der verfügbare Betriebspark so stark an, dass veraltete Gattungen massenhaft ausgemustert werden konnten. Bei Neubauten sollten so viele Teile und Baugruppen wie möglich typenübergreifend verwendet werden. Demgemäß kam der zunächst erwogene Weiterbau der bewährten, aber auch völlig unterschiedlichen, Länderbahngattungen nicht in Betracht. Damit war freilich auch die Zeit der weitgehenden Freiheit und fruchtbaren Konkurrenz von Herstellern und Bahnverwaltungen vorbei. Mehr noch: Der gestrenge Lokomotivdezernent Richard Paul Wagner (1882–1953) verwarf kurzerhand alle Verbundtriebwerke und alle mehrzylindrigen

01 083
KUNZE
100 Jahre Eisenbahn
WER

Pathetische Überhöhung zum Jubiläum
(links) Zum 100. Jubiläum der Deutschen Eisenbahnen 1935 war die Hervorhebung des Kontrastes der national berauschten Gegenwart zum rückständigen 19. Jahrhundert reizvoll, aber auch politisch gewollt. So ist denn der Gegensatz zwischen der modernen 01 083 und der ersten Borsig-Lok von 1841 reichlich überzeichnet.

Die Baureihe 02: Sie sollte scheitern
(oben) 02 003 vertritt in unserer Galerie die absichtsvoll fehlgebaute Vierzylinderverbund-Variante der Einheitsschnellzuglok. Die zehn Exemplare wurden später zu 01 umgebaut.

Varianten als Spielereien der Vergangenheit. Gleichzeitig erklärte er – in der Technikgeschichte wie in so vielen Bereichen menschlichen Wirkens immer problematisch – den aktuellen Entwicklungsstand für das fast schon naturgesetzlich definierte Stadium endgültiger Vollkommenheit. Wagner brachte den Fachausschuss für Lokomotiven und das Reichsbahnzentralamt für eineinhalb Jahrzehnte auf seine Linie.

Das grundsätzliche Muster für eine schwere Hauptbahnlokomotive war nach seinen Vorgaben ein schwerer Sechsachser. Sowohl die Schnellzuglokomotive als auch die Güterzuglok wurde in zwei Triebwerksvarianten gebaut. Die 2C1 betrat als Zwilling (Baureihe 01) und als Vierzylinderverbundlok (02) den Schauplatz der Lokomotivgeschichte, die Güterzuglok als Zwilling (43) und als Drilling (44). Mit jeweils zehn Exemplaren sollte ein wissenschaftlich fundierter endgültiger Leistungs- und Wirtschaftlichkeitsvergleich zwischen den Varianten gelingen. Freilich gab es von vornherein Zweifel an den Wettbewerbsbedingungen. Ein Entwurf entsprechend der süddeutschen Bautradition mit der Handschrift des führenden Hauses Maffei wurde nicht ein-

Das Stiefkind der Reichsbahn
Äußerlich konnte man die 02 006 fast nur anhand der Kolbenstangenschutzrohre unter der Rauchkammer von einer 01 unterscheiden. Bild: Carl Bellingrodt

geholt. Die 02 geriet zu einer lediglich im Triebwerk ohne jede Originalität variierten 01. Nachweisbar fehlerhaft war die zu kleine Bemessung der Schieberkästen und Schieber der Niederdrucktriebwerke. Damit arbeitete die Maschine gegen einen leistungsmindernden Widerstand. Maffei bot einen Umbau an, doch Wagner war mit dem Misserfolg der Verbundlok durchaus zufrieden, hatte er doch von Anfang an den Zwilling bevorzugt.

Mit den kritischen Worten zu Wagner soll die leistungsfähige Dampflokomotive mit einstufiger Dampfdehnung und zwei Zylindern, wie sie bei Anwendung stärker belastbarer Stangenlager möglich wurde, nicht etwa verworfen werden. Diese Bauart entsprach modernster Praxis in den USA, wo Verbundloks und mehrzylindrige Bauarten niemals Fuß fassten. Dazu kamen die billigere Herstellung und die leichtere Unterhaltung ohne akrobatische Arbeitsgänge bei der Schmierung von Innentriebwerken. Es sei nicht vergessen, dass viele hervorragende Länderbahnkonstruktionen aus zeitbedingten Nöten von Achsdruck- und Längenbegrenzungen und aus überwundenen Ängsten vor Stangen- und Lagerbelastungen geboren waren. Zweifellos war die 01 eine ausgezeichnete Lokomotive, auch wenn sie in einem später abverlangten Geschwindigkeits- und Zuglastbereich an Grenzen von Dampferzeugung und Laufeigenschaften stoßen sollte. Aktualisierungen erfuhr ihre Bauart durch die – wärmewirtschaftlich nutzlose – Ausdehnung der Rohrlänge von 5.800 auf 6.800 mm auf Kosten der Länge der Rauchkammer und durch die Vergrößerung der Vorlaufräder von 850 auf 1.000 mm zwecks Steigerung der Höchstgeschwindigkeit von 120 auf 130 km/h. Bei den weitergebauten Einheitsloks wurden die Tender von 30 und 32 auf 34 m³ Wasservorrat vergrößert, wobei auf Strecken mit kurzen Drehscheiben an den Wendepunkten u. a. auf niederländischen Bahnhöfen noch bis in die 1960er-Jahre die alten kleinen Tender nützlich blieben.

Ihr charakteristischer Baustil mit dem mächtigen Kessel, den großflächigen Windleitblechen und den angeschrägten Führerhauswänden und ihre herausgehobene Baureihennummer machten die 01 zu einer der populärsten deutschen Lokomotiven, mehr noch: zu einem der bekanntesten Produkte unseres Industriezeitalters.

01 im deutsch-deutschen Dienst
Die 01 war eine typische Bespannung von Interzonenzügen. 01 226 des Bw Erfurt P verabschiedet sich 1958 mit einer riesigen Rauchwolke vom Bahnhof Bebra und fährt mit dem D 199 aus Frankfurt (Main) nach Leipzig. Gewiss: Die Braunkohle der DDR produzierte viel Rauch, aber die Betriebswerke der DB spendierten den Kollegen der DR immer wieder ein paar Greiferfüllungen Steinkohle.
Bild: Carl Bellingrodt

Rare Innovationen: Die fünf Versuchs-Pacifics

Nicht der begrenzten Innovationsfreude der Reichsbahngremien, sondern dem Ringen der Herstellerwerke um Absatzmärkte unter den Vorzeichen des unaufhaltsamen Vordringens der Elektro- und Dieseltraktion war die Entstehung dreier 2C1-Schnellzugloks völlig ungewohnter Konzeption zu verdanken. 1924 präsentierte Krupp auf der Eisenbahntechnischen Ausstellung in Seddin bei Berlin die erste deutsche Turbinenlok. Anstelle der herkömmlichen Kolbenmaschine besaß sie unter der Rauchkammer eine Doppelturbine Bauart Zoelly, die mit Zahnradgetriebe, Blindwelle und Kuppelstangen auf die drei angetriebenen Radsätze arbeitete. Der Zwang zu großen Rädern im Sinne der Begrenzung der Kolbengeschwindigkeiten entfiel hier selbstverständlich, so dass ein Raddurchmesser von 1.650 mm genügte. Erst nach mehreren Umbauten konnte eine nennenswerte Kohleersparnis im Vergleich zur Regelbauform nachgewiesen werden. Überproportional viel Dampf wurde jedoch durch die Hilfsbetriebe wie die Zusatzturbine für die Gewährleistung des Saugzuges verbraucht. Die Lok wurde als T 18 1001 in den Reichsbahnbestand übernommen und bis 1939 vom Bw Hamm zusammen mit der 01 im Plandienst verwendet.

Auch Maffei versuchte sich an der Turbinenlok und lieferte 1926 eine 2C1 mit Curtis-Turbine aus. Ähnlich wie bei der Krupp-Lok entsprachen Verbrauch und Leistungen der Antriebsanlage durchaus den Hoffnungen. Doch auch hier verbrauchten die komplizierten Einrichtungen zur Auf-

rechterhaltung des Speisewasserumlaufs mit der aufwendigen Kondensationsanlage viel Dampf und damit Energie. Dieser Umstand sowie die hohen Unterhaltungskosten ließen den theoretisch errechenbaren Vorteil der Turbinenlok im Vergleich zur Kolbenlok zusammenschmelzen. Die T 18 1002 blieb – abgesehen von langen Aufenthalten im Raw – bis in den Zweiten Weltkrieg hinein im bayerischen Schnellzugdienst aktiv.

Auf der Weltkraftkonferenz 1929 stellte die BMAG eine Lokomotive vor, deren Kesseldruck alle gewohnten und erprobten Dimensionen sprengte. Anstelle der üblichen 14 oder neuerdings 16 bar war der Druck dieser in Lauf- und

Mit einem Kesseldruck von 120 bar
(links) Auch der Laie erkannte den besonderen Charakter der H 02 1001 mit ihrem im weltweiten Lokomotivbau einzigartig gebliebenen Kesseldruck von 120 bar. Viele Gelegenheiten zur staunenden Betrachtung am Bahnsteig ergaben sich freilich nicht, weil die gewagten Versuchslokomotiven mehr Zeit in der Werkstätte als im Betriebsdienst verbrachten.

Turbinenlok aus München
(oben) Letztlich glücklos blieben auch die beiden Turbinenlokomotiven T 18 1001 und 1002. Niemand kann heute mehr über die Arbeitsgeräusche der hier gezeigten Maffei-Lok Auskunft geben.
Bild: Werkfoto Krauss-Maffei

Triebwerk konventionell gebauten 2C1 auf utopische 120 bar gesteigert. Der Dampf wurde in zwei äußeren Hoch- und einem inneren Niederdruckzylinder entspannt. Entsprechend dem reinen Versuchscharakter der Maschine konnte eine Alltagstauglichkeit nicht erzielt werden. Trotz Vergabe der Reichsbahnnummer H 02 1001 wurde sie nicht angekauft, sondern 1934 abgestellt und 1945 verschrottet.

Der plausible Gedanke einer Steigerung von Leistung und Wirtschaftlichkeit der Dampflokomotive durch Erhöhung des Dampfdrucks wurde von vielen Bahnverwaltungen verfolgt, hatte man doch mit der planmäßigen Steigerung von 5-10 bar im 19. Jahrhundert über 12 bar vor dem Ersten Weltkrieg auf 14 bar bei den moderneren Länderbahnloks und 16 bar bei den Streckenloks des Einheitsprogramms beste Ergebnisse erzielt. 1932 baute Krupp zwei Pacifics mit einem Kesseldruck von 25 bar. Bewusst waren Grundaufbau und Dimensionen im Sinne der bestmöglichen Vergleichbarkeit in Betrieb und Werkstätte ähnlich wie bei der 03 gehalten. Um das vergrößerte Druckgefälle auszunutzen, akzeptierte die Reichsbahn für die „Mitteldruckloks" 04 001 und 002 endlich einmal ein Vierzylinderverbundtriebwerk. Anders als bei der 02 bemaß man die Dampfwege und Schieberkästen großzügig und minderte damit den Eigenwiderstand der Maschine. Die Kessel der beiden Loks waren ebenfalls aus experimentellen Gründen verschieden gestaltet. 1935 zeichnete man die Loks auf 02 101-102 um, weil ein Leistungsvermögen in der Nähe von 01 und 02 und nicht wie erwartet nur in der Nähe der 03 erkannt wurde. Ein tragisches Ereignis beendete die Laufbahn der 02[1]: ohne Zusammenhang mit dem erhöhten Dampfdruck, sondern aufgrund eines Bedienungsfehlers, explodierte am 3. April 1939 der Kessel der 02 101. Leider verhinderten die zeitgeschichtlichen Umstände eine planmäßige Weiterführung der Versuche mit höherem Kesseldruck auf der Basis besserer Legierungen und vollständiger Schweißung.

Leichtere Pacific 03

Nach nur ganz wenigen Jahren verflachte sich die große Systematisierung der Einheitslok zu einer nie mehr überwundenen Hektik der Improvisationen. Brücken und Oberbau der Hauptbahnen konnten nicht so schnell wie erwartet für 20 t Achsfahrmasse ertüchtigt werden. Dadurch blieb das für die 01 zugelassene Streckennetz begrenzt. Die finanziellen Spielräume der für die westalliierten Reparationsforderungen verpfändeten Reichsbahn-Gesellschaft waren eng und reduzierten sich in der Weltwirtschaftskrise ab 1929 noch weiter. Nicht zuletzt deshalb sah man sich zu der oben erwähnten Nachbeschaffung der bayerischen S 3/6 gezwungen, die zuletzt 1930 von Henschel für west- und norddeutsche Strecken geliefert wurde. Der 1928 von Reichsbahn und Mitropa in Lauf gesetzte Luxuszug „Rheingold" musste auf seinem Weg von Basel bis zur niederländischen Grenze mit den eigentlich als unzeitgemäß betrachteten bay. S 3/6 (18^{4-5}) und bad. IV h (18^{3}) bespannt werden. Reichsbahnzentralamt und Lokomotiv-Ausschuss wurden beauftragt, eine leichtere Alternative zur 01 mit 17 t Achsfahrmasse zu entwickeln. Unter vollständiger Beibehaltung der für die 01 gültigen Grundsätze ging 1930 die Baureihe 03 an den Start. Wie die 01 gab es auch sie mit 850 und 1.000 mm großen Vorlaufrädern, mit einseitiger und mit doppelseitiger Abbremsung der Treib- und Kuppelräder und anfangs

Fabrikneue 03
(links oben) Niemand mehr kennt heute noch das glänzende und glatte Erscheinungsbild einer neuen Schnellzugdampflokomotive wie hier der 03 223 unmittelbar nach dem Verlassen des Herstellerwerks. Noch schneller als alle Elektro- und Dieselfahrzeuge erwarben sich Dampflokomotiven freilich die Spuren der alltäglichen Arbeit.
Bild: Carl Bellingrodt

Bellingrodts Blick vom Balkon
(oben) Wen wollen wir mehr beneiden, einen unbekannten Fahrgast im E 337 Mönchengladbach–Düsseldorf–Wuppertal–Hagen hinter der fabrikneuen 03 273 oder den großen Fotografen Carl Bellingrodt, dessen geschickte Wahl der Wohnung ihm solche Motive vom eigenen Balkon aus ermöglichte?
Bild: Carl Bellingrodt

ohne und später mit Laufradbremse. Sie wurde Versuchsträger für Ventilsteuerung und Stromlinienverkleidung. Wie die 01 wurde auch die 03 zur Legende mit nationalem und internationalem Rang. Zweifellos war sie eine klassische Lokomotivschönheit und in vernünftig gewählten Einsatzfeldern, nämlich vor nicht allzu schweren Schnellzügen in den nord- und ostdeutschen Ebenen, auch ein großer Erfolg.

Dom verabschiedet Schnellzug
(rechts) 03 072 verlässt mit E 53 Köln–Dortmund den seit eh und je betrieblich extrem beanspruchten Kölner Hauptbahnhof. Ein weiterer Zug hat ebenfalls Ausfahrt auf die viergleisige Hohenzollernbrücke, ein Personenzug ganz links muss noch warten. Wir haben die Epoche der 03 und zugleich auch der lebendigen Betriebsaufnahmen auf der Basis kurzer Belichtungszeiten erreicht. Bild: Carl Bellingrodt

Einheitslok in der Unfallverhütung
(unten) Auch im innerdienstlichen Fortbildungswesen der DRB war die Einheitsschnellzuglok präsent. Die stets schwierigen Sichtverhältnisse vom Führerhaus der Dampflok aus erforderten stets den gegenseitigen Zuruf der Signalstellungen.

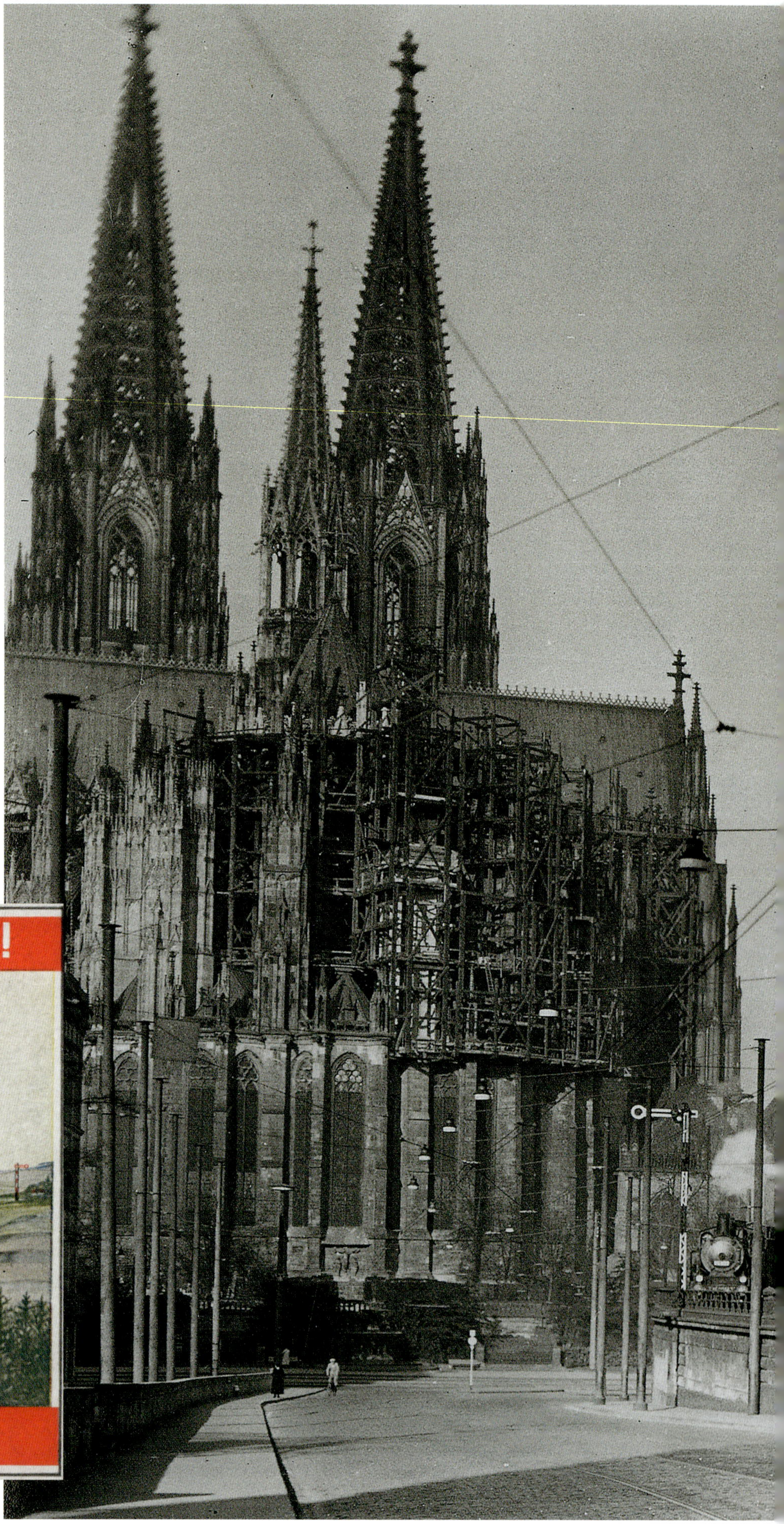

03 072

Die Verdampfungsleistung des Kessels konnte aber nach einhelligem Urteil der betrieblichen Praxis nicht befriedigen. In den amtlichen „Merkbüchern" wurden Leistungstabellen angeblich aufgrund von Messfahrten abgedruckt. Wenn hier aber die 03 bei 100 km/h in der Ebene mit 790 t belastbar erscheint, die 18^{5} (Nachbau bay S 3/6) nur mit 635 t und die 17^{10} (pr S 10^{1}) gar nur mit 450 t, so widersprach dies jeglicher Erfahrung der Betriebseisenbahner. Die Lokpersonale erkannten bei der 03 keinen Vorteil in Beschleunigung, Beharrung und Verbrauch gegenüber den zwanzig Jahre älteren Typen. Aber wir wollen die später in vielen Details verbesserte 03 nicht unterschätzen. In der Summe hält sie mit ihren 298 Exemplaren den weltweiten Spitzenplatz aller mit Dampflokomotiven gefahrenen Zugkilometer oberhalb von 100 km/h.

Fabrikneue 04
Von einer 01 oder 03 kaum zu unterscheiden, enthielt die 04 mit einem Kessel für 25 bar und einem Vierzylinderverbundtriebwerk viel mehr Innovation. Schade, dass ihre Entwicklungslinie nicht fortgesetzt wurde. Mit den 04 001–002 und den Mitteldruck-Güterzugloks 44 011–012 endete 1932/33 der Bau von Vierzylinderverbundloks für deutsche Bahnen. Nur eine Exportlieferung von Krupp 1940 für Norwegen bewies noch einmal die Stärke dieser Technik. Nach dem Zweiten Weltkrieg pflegte weltweit nur noch Frankreich diese Variante.

Fachautor Dr. Albert Mühl

Dr. Albert Mühl veröffentlichte wertvolle Fachaufsätze schon zu einer Zeit, als es eine Hobbyliteratur noch nicht gab. Im Heft 6 November/Dezember 1961 der damals im 85. Jahrgang erscheinenden ehrwürdigen „Lokomotivtechnik" der Gewerkschaft Deutscher Lokomotivbeamten und -anwärter lieferte er einen grundsätzlichen Artikel *Bestand und Verteilung der Dampflok im Jahre 1933.* Ich zitiere Auszüge und Tabellen. In einer historisch wenig sensiblen Zeit mochte der Stichtag 1. April 1933 gar nicht weiter auffallen. Heute denkt man bei der Nennung dieses Datums natürlich weniger an Dampflokomotiven als an den reichsweiten Boykott jüdischer Geschäfte als Beginn der systematischen Judenverfolgung in Deutschland. In der Geschichte der Zugförderung kann das Frühjahr 1933 als Vorabend der Aufnahme des elektrischen Betriebes von München nach Stuttgart gelten (1. Juni 1933). Zugleich betrachten wir die Zeit vor dem Auftritt des Diesel-Schnelltriebwagens (Regelbetrieb des „Fliegenden Hamburgers" ab 15. Mai 1933). Dr. Mühl hat das Wort!

Der Großteil der Länderbahngattungen war noch erhalten, die Lieferung der Einheitslokomotiven in vollem Gange – den 13 Einheitslokbauartreihen standen nicht weniger als 111 Länderbahnbauarten gegenüber, nur etwa 3 % Anteil hatten die 743 Einheitsloks am Gesamtbestand von über 20.600 Normalspurlokomotiven – und auch der Lokpark einzelner Länder zeigte in seinem Kern durchaus ein eigenständiges Gepräge.

Bis zum 1.4.1933 waren an Einheitslokomotiven 100 Loks der Baureihe 01, zehn der Baureihe 02 und 93 der Baureihe 03 angeliefert worden. Die 01 waren in der Hauptsache in Nord- und Mitteldeutschland eingesetzt, d. h. überall da, wo der Oberbau einen Achsdruck von 20 t zuließ und schwere Schnellzüge auf schwierigen Strecken zu befördern waren, während in Süddeutschland nur fünf 01 beim Bw Offenburg, das damals noch seine 20 großen IV h (DRB 18^3) hatte, und die zehn 02 beim Bw Hof stationiert waren. Die leichteren 03 (Achsdruck 17 t) waren damals nur preußischen Direktionen zwischen Königsberg und Köln, Breslau und Altona zugeteilt für die Strecken mit leichterem Oberbau und im Flachland. Die 03 des Bw Königsberg z. B. fuhren seinerzeit ausschließlich auf der Strecke Marienburg–Königsberg–Eydtkuhnen, die des Bw Altona die leichteren D- und FD-Züge nach Berlin, die des Bw Osnabrück den Durchlauf Hamburg–Köln und die der Bw'e Schneidemühl, Frankfurt/Oder und Breslau ebenfalls nach Berlin.

Von den moderneren dreifach gekuppelten Länderbahn-Schnellzuglokomotiven waren noch viele vorhanden. Von den preußischen 2C-Schnellzuglokomotiven wurden vor allem die nahezu vollzählig vorhandenen S 10^1 (17^{10}), mit der eine große Anzahl von Betriebswerken preußischer Direktionen ausgestattet war, noch stark im Schnellzugdienst auf Flachlandstrecken verwendet. Den Löwenanteil besaß die Rbd Berlin, wo die S 10^1 auf die Bw'e Anhalter Bf, Lehrter Bf, Gesundbrunnen, Karlshorst und Grunewald aufgeteilt waren und einen beträchtlichen Teil des von Berlin ausgehenden Schnellzugverkehrs bedienten. Die sehr dezimierten S 10 (DRB 17^0) und die bis auf eine Lok vollzähligen S 10^2 (17^2), erstere besonders im Westen und am Rhein, waren ebenfalls, wenn auch nur noch vereinzelt, vor D-Zügen zu sehen. Die S 10 stand seinerzeit auf dem Aussterbeetat und wurde laufend ausgemustert. Die sächsischen XII HV (2C h4v, DRB 17^7) des Bw Dresden Altstadt fanden meist nur noch im Eilzug- (u. a. Dresden–Frankfurt/Oder) und Personenzugdienst Verwendung, während die bayerischen S 3/5 (2C n4v/h4v, DRB $17^{4/5}$) der Bw Nürnberg Hbf und Augsburg noch regelmäßig Schnellzüge Nürnberg–Eger, Nürnberg–Treuchtlingen sowie Augsburg–Weilheim und Augsburg–Buchloe fuhren.

Die 2C1-Länderbauarten waren bis auf die badische IV f (DRB 18^2) noch alle vorhanden. Die zehn sächsischen XVIII H (DRB 18^0, die einzige deutsche 2C1-Dreizylinder-Länderbauart) des Bw Dresden-Altstadt fuhren im Schnellzugdienst Berlin–Bodenbach (ČSR), Dresden–Leipzig, Dresden–Görlitz–Breslau, die württembergische C (DRB 18^1) der Bw'e Stuttgart-Rosenstein und Ulm kamen mit Schnellzügen bis Nürnberg, München, Friedrichshafen und Singen. Die badischen IV h (DRB 18^3) fuhren auf der Rheintalstrecke Mannheim/Heidelberg–Basel; sie wurden schon ein Jahr später von Offenburg nach Koblenz, Bremen und Altona abgegeben und durch weitere 01 in Offenburg ersetzt. Die bayerische S 3/6 (DRB 18^{4-5}) bewältigte nahezu den gesamten bayeri-

Verteilung der Schnellzugloks am 1.4.1933

RBD	Bw	01	02	03	04	17^{0}	17^{2}	$17^{4/5}$	17^{7}	17^{10}	18^{0}	18^{1}	18^{3}	18^{4}	18^{5}	19	39
						Länderbahngattungen ohne Aufschlüsselung auf Bw'e											
Altona						–	–	–	–	15	–	–	–	–	–	–	–
	Altona	–	–	8	2												
Augsburg		–	–	–	–	–	–	25	–	–	–	–	–	21	–	–	–
Berlin						4	–	–	–	44	–	–	–	–	–	–	22
	Anhalter Bf	10	–	–	–												
	Lehrter Bf	6	–	–	–												
Breslau						–	–	–	–	20	–	–	–	–	–	–	6
	Breslau Hbf	–	–	8	–												
Dresden		–	–	–	–	–	–	–	12	–	10	–	20	–	–	23	37
Erfurt						–	–	–	–	–	–	–	–	–	–	–	32
	Erfurt P	18	–	–	–												
Essen						7	–	–	–	17	–	–	–	–	–	–	6
	Dortmund Hbf	–	–	4	–												
	Hamm	15	–	4	–												
Frankfurt						–	–	–	–	–	–	–	–	–	–	–	12
	Frankfurt (M) 1	6	–	–	–												
	Bebra	5	–	–	–												
Halle						27	–	–	–	9	–	–	–	4	–	–	28
	Leipzig Hbf West	–	–	7	–												
Hannover						–	31	–	–	23	–	–	–	–	–	–	10
	Halberstadt	–	–	6	–												
	Hannover Ost	22	–	6	–												
Karlsruhe						–	–	–	–	–	–	–	20	–	–	–	8
	Offenburg	5	–	–	–												
Kassel						–	–	–	–	–	–	–	–	–	–	–	26
	Kassel	7	–	–	–												
Köln						14	27	–	–	–	–	–	–	–	–	–	21
	Köln Bbf	–	–	9	–												
Königsberg					–	–	–	–	11	–	–	–	–	–	–	–	
	Königsberg	–	–	6	–												
Ludwigshafen					–	–	–	–	–	–	–	–	10	–	–	–	
Mainz						5	–	–	–	–	–	–	–	–	25	–	–
München		–	–	–	–	–	–	–	–	–	–	–	–	7	5	–	–
Münster						12	9	–	–	–	–	–	–	–	–	–	–
	Osnabrück	–	–	6	–												
Nürnberg		–	–	–	–	–	–	18	–	–	–	–	–	38	10	–	9
Oldenburg						–	–	–	–	6	–	–	–	–	–	–	–
Oppeln						–	–	–	–	4	–	–	–	–	–	–	–

RBD	Bw	01	02	03	04	17^0	17^2	$17^{4/5}$	17^7	17^{10}	18^0	18^1	18^3	18^4	18^5	19	39
Oppeln						–	–	–	–	4	–	–	–	–	–	–	–
Osten						–	–	–	–	24	–	–	–	–	–	–	–
	Frankfurt/O	–	–	4	–												
	Schneidemühl	–	–	6	–												
Regensburg					–	–	–	–	–	–	–	–	20	–	–	–	
	Hof	–	10	–	–												
Schwerin						–	–	–	–	8	–	–	–	–	–	–	–
Stettin						–	–	–	–	26	–	–	–	–	–	–	–
	Stargard	–	–	4	–												
	Stralsund	–	–	4	–												
Stuttgart		–	–	–	–	–	–	–	–	–	–	37	–	–	–	–	14
Trier		–	–	–	–	–	–	–	–	–	–	–	–	–	–	–	8
Wuppertal		–	–	–	–	6	–	–	–	–	–	–	–	–	–	–	21
Summen		100	10	93	2	48	94	43	12	207	10	37	20	100	40	23	260

schen Schnellzugdienst (Bw'e München Hbf, Nürnberg Hbf, Würzburg, Regensburg, Augsburg, Lindau) und war außerdem bei den Bw'en Halle P, Mainz, Darmstadt und Wiesbaden stationiert.

Die großen sächsischen XX HV (1D1 h4v, DRB 19^0) standen bei den Bw'en Reichenbach und Dresden-Altstadt im schweren Schnellzugdienst auf Bergstrecken (Reichenbach–Hof bzw. Bamberg, Dresden–Liegnitz, Dresden–Leipzig). Das schon mehrfach erwähnte Bw Dresden Altstadt war eines der bedeutendsten deutschen Schnellzugförderungs-Bw und konnte sich z. B. mit Erfurt P, Hannover Ost oder Hamm messen.

Die P 10 (DRB 39^0) schließlich, die fast ausschließlich im schweren Schnellzugdienst eingesetzt wurde, war weit verbreitet und bei allen Direktionen mit schwierigen Streckenverhältnissen zu finden. Sie war auch bei süddeutschen Bw'en recht beliebt und wurde hier eingesetzt bei den Bw'en Schweinfurt (Würzburg–Schweinfurt–Erfurt), Karlsruhe (Kehl–Stuttgart), Stuttgart-Rosenstein (Stuttgart–Würzburg, Stuttgart–Singen, Stuttgart–Heidelberg). Den größten Anteil hatten, dem Verwendungszweck der P 10 entsprechend, die mitteldeutschen Direktionen Dresden, Erfurt, Halle und Kassel. Hier waren sie insbesondere auf die Bw'e Dresden-Altstadt, Reichenbach, Erfurt P, Eisenach, Saalfeld, Halle P, Wittenberg, Leipzig Hbf West und Nord, Göttingen und Paderborn verteilt. Ferner waren u. a. bei den Bw'en Frankfurt (Main) 1, Bebra und Magdeburg Hbf jeweils mehrere P 10 beheimatet, wie auch bei den Berliner Bw'en Anhalter Bf und Potsdamer Gbf. Auf den nord- und ostdeutschen Flachlandstrecken war die P 10 nicht zu sehen. Die P 10 des Bw Jünkerath (Rbd Trier) fuhren auf der Eifelbahn, die der Rbd Köln (Bw'e Köln Bbf, Köln-Deutzerfeld, Mönchengladbach) und die der Rbd Wuppertal (Bw'e Hagen-Eckesey und Wuppertal-Langerfeld) auf den dortigen Hügellandstrecken; die P 10 des Bw Wanne-Eickel (Rbd Essen) standen im Eilgüterzugdienst. Mit einer Stückzahl von 260 war die P 10 die damals meistverwendete Schnellzuglokomotive.

An Versuchslokomotiven wurden 1933 im Lokbestand der DRB geführt: die beiden 04-Mitteldrucklokomotiven bei der Rbd Altona, die 2C1-Turbinenlokomotiven T 18 1001 von Krupp (Bw Hamm), T 18 1002 von Maffei (Bw München Hbf) und die 1925 aus einer S 10^2 umgebaute Schmidt-Henschel-Hochdrucklokomotive H 17 206 (60 atü).

D und FD zwischen den Kriegen

Vor den Schnellzuglokentwicklungen der politisch verfinsterten 1930er-Jahre soll uns noch einmal die Verkehrssoziologie interessieren. Im Vergleich zum späten 19. Jahrhundert war die Fernreise auf der Schiene nochmals viel selbstverständlicher geworden. Die neuen Eliten in Verwaltung, Politik, Justiz, Finanzwirtschaft, Produktion, Wissenschaft, Kunst, Medien und Unterhaltung hatten nach Personenzahl, Kaufkraft, gesellschaftlicher Bedeutung und Mobilität mächtig zugenommen, während der Adel in den Hintergrund getreten war. Viele Ingenieure, Beamte, Journalisten, Rechtsanwälte oder Filmschauspieler waren aus ländlichen Verhältnissen hervorgegangen und hatten dadurch noch verwandtschaftliche Beziehungen ins Riesengebirge, auf die Schwäbische Alb oder in die Lüneburger Heide, so dass die Bahnfahrt zur Sommerfrische auf den Hof der Großeltern oder zur gemeinsamen Weihnachtsfeier der Generationen angesagt war. Die moderne Gesellschaft selbst forderte und förderte natürlich immer neue Dimensionen von Mobilität. Auch wenn konservativ-reaktionäre Kräfte es um keinen Preis wahrhaben wollten, hatte doch der Weltkrieg nivellierende und emanzipierende Wirkungen gehabt. „Kleine“ Angestellte und Beamten, Techniker und Kaufleute und endlich auch Frauen in fachlicher oder akademischer Laufbahn, sie alle gestalteten ihr Leben, und das hieß oftmals auch: Sie reisten zu beruflichem Aufstieg, zur Fortbildung oder zum politischen Kongress.

Außergewöhnliche Optik
Die 03 wurde Versuchsträger für Stromlinienverkleidungen. 03 154 wirkt mit einem Parabolvorbau an der Rauchkammer geradezu außerirdisch. 03 193 erhielt dann eine Vollverkleidung wie die spätere 05. Bild: Hermann Maey

Swastika-Fantasien
Produzenten historischer Filme überbieten sich in Fantasien über die allgegenwärtige Präsenz von Hakenkreuzen auf Eisenbahnfahrzeugen 1933–1945. Großflächige Bemalungen dieser Art trugen aber nur einige Lokomotiven wie die neue Stromlinien-Versuchslok 05 001 anlässlich der Olympischen Sommerspiele 1936.
Bild: Hermann Maey

Noch waren der D-Zug und seine für zahlungskräftiges Publikum seit 1923 angebotene Variante FD im Verkehrsmarkt so gut wie konkurrenzlos. Der Kraftwagen war um 1930 immer noch ein empfindliches Gebilde, das der ständigen Kontrolle und zeitraubenden Wartung bedurfte. Und dann erst die Straßen! Nur ein kleiner Teil des Wegenetzes war überhaupt befestigt. Regelfall war immer noch die gestampfte Piste mit all ihren Schlaglöchern und Wackersteinen. Autobahnen gab es noch nicht. In jedem Dorf oder Städtchen konnten Viehherde, Wochenmarkt, Pferdefuhrwerk oder geschlossene Bahnschranken den Lauf des „Wanderer“, „Hanomag“ oder „Daimler-Benz“ hemmen. Aber: Jahr für Jahr wurden die Automobile alltagstauglicher und bemühten sich die Hersteller emsiger um kompakte und bezahlbare Wagen, und immer weitere Straßen wurden mit verschiedenen Technologien „staubfrei“ gemacht.

1933 war es vorbei mit dem Reisen in Sachen kultureller und politischer Emanzipation. Das Regime schaffte es scheinbar mühelos, dem allergrößten Teil der Volksgenossen daheim und auf Reisen das Gefühl staatstragender Bedeutung im Universum der Repression und auf dem Wellenkamm einer auf das Konto späterer Kriegsbeute gesteigerten Produktion einzuflößen. Unentwegt gereist wurde weiterhin, in Uniform für des Reiches trügerische Größe, in Zivil für die Steigerung des Umsatzes – und angstvoll ins erzwungene Exil.

Hoffnung Stromlinie: 05 und 61

Der weltweite Wirtschaftsaufschwung in den 1930er-Jahren, in Deutschland durch die hektische Aufrüstung auf Kosten geordneter Staatsfinanzen speziell angeheizt, ließ die Verkehrsanforderungen steigen. Die schnellfahrende Dampflokomotive erhielt gleich mehrfach verstärkte Konkurrenz, nämlich auf den ab 1933 gebauten Autobahnen und in der

Luft – und auf ihren eigenen Wegen durch den Dieselschnelltriebwagen und die ständig verbesserten Elloks. Man konnte der 03 mit verbesserten Bremsen gerade eben noch 140 km/h zutrauen, aber auch die dogmatischsten Verfechter des Zweizylindertriebwerks mussten einsehen, dass man mit dieser Bauform nicht zu den 150 oder 160 km/h der E 18 und des „Fliegenden Hamburgers“ aufholen könnte.

Auf dem Weg zu einer grundsätzlichen weiteren Modernisierung des Eisenbahnwesens hätte man die Elektrifizierung der Fernstrecken forcieren und die Beschaffung von Schnelltriebwagen steigern können. Doch der 1936 verkündete Vierjahresplan mit dem Ziel einer Autarkie Deutschlands im Interesse baldiger Kriegführung erlaubte weder den Import der für Oberleitungen und Elloks notwendigen Kupfermengen noch die Öleinfuhr für landesweite Dieselzugförderung. Die kohlegefeuerte Dampflokomotive musste Basis des Eisenbahnbetriebes bleiben.

Nicht zur Erschließung höherer Geschwindigkeiten für den Regelbetrieb, sondern zur Erprobung moderner Schnellzugwagen gab die Deutsche Reichsbahn bei Borsig zwei ausgesprochene Schnellfahrversuchslokomotiven der Achsfolge 2C2 mit 2.300 mm großen Antriebsrädern in Auftrag. Entsprechend einer in mehreren Ländern aktuellen Tendenz forderte man eine bis über den Tender reichende vollständige Stromlinienverkleidung. Sie wurde aufgrund von Windkanalversuchen und nach dem Vorbild der probeweise verkleideten 03 193 gestaltet. Trotz eines auf 20 bar gesteigerten Kesseldrucks mit der guten Möglichkeit der mehrstufigen Dampfentspannung in einer Verbundmaschine wählte man ein Drillingstriebwerk. Die Außenzylinder arbeiteten auf den mittleren Radsatz, der Innenzylinder auf den vorderen Kuppelradsatz. Der Kessel entsprach immer noch dem konventionellen Muster der Einheitsloks mit einer nun schon auf 7.000 mm gesteigerten Rohrlänge.

Wir hatten die Entdeckung etwa acht Jahrzehnte zuvor erwähnt, dass Rauchgase aus Rohren von weniger als 3.500 mm Länge nicht genügend Wärme an das umgebende Wasser abgeben. Die Physik des Jahres 1935 war aber keine andere als diejenige des Jahres 1855. Und das bedeutet: jenseits

Stichwort: Briefmarken

Zeitweise kämpften exotische Postverwaltungen um Marktanteile bei europäischen Briefmarkensammlern. Fußballstars, Schauspieler, Autolegenden und historische Lokomotiven zierten Postwertzeichen, mit denen niemals ein Brief im Herausgeberland frankiert wurde. Freie Fantasie verhalf der weinroten deutschen 05 in Benin zu einem grellgrünen Erscheinungsbild. Die Briefmarke der Deutschen Reichspost von 1935 stellte die 05 konventionell dar.

Henschel-Wegmann-Zug
(rechts oben) Wäre sie nicht auf Schienen gefahren, hätte der staunende Beobachter die siebenachsige 61 eher für ein Luftschiff als für eine Lokomotive halten können. Die 61 001 war für den ganz speziellen Henschel-Wegmann-Zug vorbehalten, der 1936–1939 zwischen Berlin und Dresden pendelte.

einer Rohrlänge von etwa 5.000 mm ist der Wärmevorrat der Gase aufgebraucht. Die Verlängerung über dieses Maß hinaus ist unergiebig. Viel intelligenter wäre es gewesen, die Feuerbüchsen mit einer kastenartigen Verbrennungskammer für die Entfaltung der Flammen in den Langkessel hinein zu vergrößern und damit die wärmewirtschaftlich wertvolle Strahlungsheizfläche zu vergrößern.

Die Dampfproduktion der 05 konnte denn auch noch weniger als diejenige der 01 und 03 befriedigen. 1935 wurden die beiden Loks ausgeliefert. Mit ihrer lebhaften Präsentation auf Ausstellungen und in Presse und Film erlangten die weinroten Giganten sofort große Popularität. Die systematische Erprobung und das Herantasten an höchste Geschwindigkeiten begannen sogleich mit der 05 002. Sie erreichte ohne Probleme 190 und 195 km/h. Für den 11. Mai 1936 wurde eine Vorführfahrt Berlin–Hannover–Hamburg–Berlin mit neuesten Dieselschnelltriebwagen und Dampflokomotiven angesetzt. Jahrzehntelang wurde als Ehrengast im Sonderzug nur Verkehrsminister Julius Dorpmüller genannt. Heute weiß man, dass auch Naziprominenz bis hin zu SS-Chef Himmler mit von der Partie war. Auf dem Abschnitt Hamburg–Berlin führte die 05 002. Zwischen Friesack und Vietznitz erreichte sie eine Geschwindigkeit von 200,4 km/h. Niemals vorher und nachher fuhr eine Dampflokomotive in Deutschland und auf dem europäischen Kontinent so schnell. Das geringfügig höhere Tempo einer britischen Lok wird durch ein leichtes Gefälle der Strecke relativiert; vermutete US-amerikanische Rekordfahrten blieben ohne überzeugenden Nachweis, so dass die 05 002 mit einem gewissen Recht als schnellste Dampflokomotive der Welt gelten kann. Indes: nach ihrer Rekordfahrt bedurfte sie einer wochenlangen Ausbesserung u. a. mit Austausch aller Kesselrohre. Auch in der Summe aller Versuchsfahrten konnte die 05 keineswegs die Erschließbarkeit eines Ge-

Futuristische Optik (rechts) Für den Laien war die stromlinienverkleidete Kohlenstaub-Versuchslok mit vorliegendem Führerstand nicht ohne weiteres als Dampflok identifizierbar.

Stromlinie heroisch Nach einem Wandgemälde von Max Teschemacher wurde diese Ansichtskarte des Henschel-Wegmann-Zuges mit zwei staunenden Jungvolk-„Pimpfen“ gestaltet.

schwindigkeitsbereichs von mehr als 160 km/h mit der konventionellen Dampflokomotive beweisen. Zu denken geben mussten die gleichzeitigen Leistungen dieselelektrischer Schnelltriebwagen. Sie schafften ohne Vor- und Nacharbeit die legendären 200 km/h. Und ein wahrhaft gewichtiges Problem: Die 05 wog mit dem fünfachsigen Tender 210 t, volle 50 t mehr als die 03 und etwa so viel wie fünf Schnellzugwagen der aktuellen Einheitsbauarten. Unter dem Eindruck der Erfolge der Dieseltriebwagen aller Leistungsklassen arbeiteten viele Ingenieure und Herstellerwerke (vorrangig Henschel) an der gewichtsparenden Alternative Dampftriebwagen. Doch blieb man mit Tonnenlast und Kompliziertheit seiner Antriebseinheit immer unheilbar oberhalb der mit flüssigem Treibstoff arbeitenden Konkurrenz.

Fast unfreiwillig komisch verlief die Vorgeschichte des 1936 zwischen Berlin und Dresden in den Plandienst gegangenen Henschel-Wegmann-Zuges mit seiner wiederum vollständig stromlinienverkleideten 2C2 h2t mit der Nummer 61 001, übrigens der ersten deutschen Schnellzugtenderlok. So elegant und technisch gelungen der violett-crème-silberne Stromlinienzug war, so gerne vergaß man, dass man ja eigentlich mit einem kompakten dampfbetriebenen Aggregat neue Wege des Leichtbaus hatte beschreiten wollen. Nun besaß man eine siebenachsige Tenderlok, die mit 128 t schon ohne Wagen fast so schwer war wie ein dreiteiliger Dieseltriebzug „Bauart Leipzig". Die verschiedenen Verbesserungen und Verstärkungen der nunmehr dreizylindrigen 61 002 mit dem vorher und nachher in Deutschland beispiellosen dreiachsigen hinteren Laufdrehgestell führten zu einer Gewichtszunahme auf stolze 144 t.

Hoffnung Stromlinie und Kohlenstaubfeuerung: die 05 003

Welche Lokomotiven auch immer wir bislang betrachtet hatten, keine bewegte sich jemals einen Meter, ohne dass der Heizer mit den notwendigen Schaufeln Kohle für das Feuer auf dem Rost gesorgt hätte. Immer wieder gab es Ideen und Versuche, die Leistung des Kessels über jenes Maß hinaus zu steigern, das mit der manuellen Einbringung von Stückkohle erreichbar ist. Schon vor dem Ersten Weltkrieg erzielte Österreich mit ölgefeuerten Lokomotiven gute Erfolge. Das gegen teure Devisen zu importierende Erdöl war nun aber nicht der Brennstoff, mit dem das Nazireich mitten in der Kriegsvorbereitung neue Hochleistungen auf der Schiene erzielen wollte. Ausgerechnet Steinkohlenstaub wurde für die Befeuerung der 05 003 auserkoren. Weil der Heizer seinen Platz nicht mehr wie hergebracht zwischen Tender und Feuertür haben musste, konnte man einer weiteren kühnen Idee nahetreten, nämlich den Führerstand mit einer nie da gewesenen Streckensicht vorne anzuordnen. Der Kessel wurde in dem Sinne umgedreht, dass der Stehkessel nun vorne lief und seine mit den üblichen Armaturen bestückte Front die Rückwand des Führerhauses bildete. Mit dieser Anordnung nun freilich wurde es notwendig, den Kohlenstaub mit Turbogebläse und Förderschnecke durch eine Rohrleitung vom Tender am Kessel entlang nach vorn zu bringen. Genau an der Zuverlässigkeit dieses Systems scheiterte die 05 003. Sie gelangte nie in den Regelbetrieb. Über Frontführerstand und innovative Feuerung hinaus hat die Lok ihren Platz in der deutschen Lokomotivgeschichte jedoch durch die erstmalige Verwendung der bislang verpönten Verbrennungskammer. Eigenartig auch ihr Schicksal 1945: In den letzten Wochen des Krieges wurde sie noch zu einer regulären Dampflok mit nunmehr normaler Anordnung des Kessels und hinterem Führerhaus umgebaut. Die Sonderfahrten höchster Nazis, für die man diesen imposanten Einzelgänger vielleicht gebrauchen wollte, fanden freilich nicht mehr statt.

Hoffnung Stromlinie: die 06

Wie schnell fuhren D- und FD-Züge um 1935? Schon seit „Friedenszeiten“ vor 1914 waren viele Strecken, Lokomotiven und Wagen für 120 km/h zugelassen. Diese Erlaubnis eröffnete aber nicht einen Regelbetrieb mit diesem Tempo, sondern nur die Möglichkeit, zum Aufholen von Verspätungen die weithin üblichen 100 km/h kurzfristig zu überschreiten. In der Zwischenkriegszeit wurden dann die 120 km/h eher zur Norm, was für die älteren Lokomotiven einen ständig überhöhten Unterhaltungsbedarf bedingte. Trotz begrenzter Investitionsspielräume konnten die Züge sogar unter den Bedingungen der Weltwirtschaftskrise durchaus beschleunigt werden.

- 1929 gab es genau einen FD, der zwischen zwei Haltebahnhöfen (Hannover und Hamm) mit durchschnittlich mehr als 90 km/h unterwegs war.
- 1932 gab es fünf solche Durchläufe, und schon
- 1934 nicht weniger als 167 Durchläufe mit mehr als 90 km/h, 50 mit mehr als 95 km/h und 15 mit mehr als 100 km/h.

Die letztgenannten Werte wurden weltweit nur in Frankreich übertroffen. Die Zulassung für 120 km/h erforderte zur Gewährleistung ausreichender Bremswege die Verlängerung der Abstände zwischen Vor- und Hauptsignalen von 700 auf 1.000 m. Auf Seiten der Lokomotiven wurde es notwendig, auch die Laufräder abzubremsen und von der einseitigen auf die doppelseitige Abbremsung der Treib- und Kuppelräder überzugehen. Der begrenzte Raum zwischen den großen Rädern machte dies nicht einfach. Ab 03 163 (mit entsprechend verstärkter Bremse und vergrößerten Vorlaufrädern) wurde die 03 für 130 km/h zugelassen, nach entsprechenden Anpassungsarbeiten auch die älteren 03. Für die als spezielle Rennbahn ausgewählte Strecke Hamburg–Berlin wurden 1933/34 elf Exemplare für 140 km/h konzessioniert.

Als wichtiger Schritt auf dem Wege zu höheren Geschwindigkeiten muss auch noch die Induktive Zugsicherung, kurz „Indusi“, genannt werden, die als „Punktförmige Zugbeeinflussung“ (PZB) heute aus dem Bahnbetrieb nicht wegzudenken ist. Mitte der 1930er-Jahre wurde dieses System der Zwangsbremsung beim Überfahren von Haltsignalen mittels elektrischem Signal anwendungsreif und in schneller Folge auf die Hauptstrecken ausgedehnt.

Die Erfahrungen mit der 05, aber auch mit der im höchsten Geschwindigkeitsbereich keineswegs unproblematischen E 18, mit den sprunghaft erhöhten Aufwendungen für die Gleisunterhaltung, mit der Bremstechnik und dem Signalwesen der 1930er-Jahre zeigten, dass an eine Beschleunigung des Reisezugdienstes in aller Breite auf 160 km/h noch auf lange Sicht nicht zu denken sein würde. Der in der Verkehrswerbung und in der politischen Propaganda außerordentlich hervorgehobene Verkehr mit Schnelltriebwagen war in der Gesamtstatistik nur ein Sahnehäubchen.

Stabile 140 km/h jedoch sollte die größte jemals in Mitteleuropa gebaute Lokomotive garantieren, die 2D2 der Baureihe 06. Die Kenner der Materie im Herstellerwerk Krupp

waren selbst nicht von der Konstruktion begeistert. Die Länge der Rohre des Kessels auf dem nun achtachsigen Laufwerk war auf vollends groteske 7.500 mm gesteigert worden. In der viel zu kleinen Feuerbüchse konnte auch der fleißigste Heizer nicht ein Feuer aufrechterhalten, dessen Rauchgase auf einer solchen Rohrlänge ausreichende Temperaturen behalten würden. Und wenn die Verbrennung wirklich einmal auf das mögliche Maximum gesteigert worden wäre, hätte man die Feuerbüchsrohrwand über die Grenze ihrer metallurgischen Stabilität hinaus erhitzt. Unter diesen Bedingungen waren Dampfmangel und Stehbolzenschäden, Undichtigkeiten der Rohrwände und Rohrrisse ständige Begleiter des Versuchs- und Regelbetriebes mit den beiden Giganten. Wiederum auch hatte man von einem in dieser Leistungsklasse durchaus empfehlenswerten Vierzylinderverbundtriebwerk Abstand genommen und die Drillingsmaschine der 05 beibehalten. Vermutlich verlor die

Erwartbarer Misserfolg
Der öde Gigantismus der Nazizeit stand Pate für den Bau der mit Tender 208 t schweren 06. Allein schon mit der Überforderung des Heizers am wärmewirtschaftlich fehlkonstruierten Kessel musste sie scheitern.

Reichsbahn schon vor der Auslieferung das Interesse an der Fehlkonstruktion, so dass die Fertigung von der Bestellung 1936 unter den Bedingungen der Aufrüstung und der nun hohen Belastung der Lokomotivindustrie bis 1939 währte. Niemand verschwendete an einen Weiterbau je einen Gedanken. Dieselben Probleme mit dem baugleichen Kessel hatte die 1E1-Güterzuglok 45.

Fast gleichzeitig mit der 06 entstand ein anderer Vierkuppler, der mit 366 Exemplaren alsbald für den Schnellzugverkehr sehr nützlich werden sollte, nämlich die Eilgüterzuglok 41 mit der Bauart 1D1 h2 und nur 1.600 mm großen Treib- und Kuppelrädern.

20. JANUAR 1937:

Die Hauptverwaltung der Deutschen Reichsbahn erstellt eine Übersicht über die Dampflokomotiven, deren Höchstgeschwindigkeit heraufgesetzt worden ist, nämlich:

Gattung	Anzahl	Heraufsetzung
17^2 ex pr S 10^2	52	von 110 auf 120 km/h
17^{10} ex pr S 10^1	125	von 110 auf 120 km/h
18^0 ex sä XVIII H	10 (= alle)	von 100 auf 120 km/h
18^1 ex wü C	11	von 100 auf 120 km/h
18^3 ex bad IV h	20 (= alle)	von 100 auf 140 km/h (!)
19^0 ex sä XX HV	23 (= alle)	von 100 auf 120 km/h
01 ab 102	laufend geliefert	von 120 auf 130 km/h
02^1	2 (= alle)	von 120 auf 140 km/h
03	laufend geliefert	von 120 auf 130 km/h
03	13	von 120 auf 140 km/h
03 175	1 (Ventilsteuerung)	von 130 auf 140 km/h
03 193	1 (Stromlinienverkleidung)	von 130 auf 140 km/h

Sonderfall Lübeck–Büchen

In jeder Hinsicht einen besonderen Rang genießen drei kompakte stromlinienverkleidete 1B1-Tenderloks, welche die private Lübeck–Büchener Eisenbahn 1936/37 von Henschel für Doppelstock-Wendezüge auf der Verbindung Hamburg–Lübeck bezog. Sie waren die einzigen nach dem Ersten Weltkrieg noch gebauten zweifach gekuppelten deutschen Dampfschnellzugloks. Mit der Einverleibung der LBE in die Reichsbahn 1938 und mit dem Kriegsbeginn ein Jahr später endeten alle bemerkenswerten Innovationen der norddeutschen Bahn. Von der nunmehrigen Baureihe 60 waren die 002 und 003 bis in die 1950er-Jahre in der DDR unspektakulär aktiv.

Stromlinien-01

(oben) Genau in jenem Jahr 1939, in dem deutsche Kriegspolitik für lange Zeit alle Weichen weit weg vom komfortablen Schnellverkehr stellte, begann die Serienfertigung der Stromlinienloks. Hinter der eleganten Hülle verbergen sich der mäßige Kessel und das gute Triebwerk der 01 1088 – und jede Menge Probleme.
Bild: Hermann Maey

Hoffnung Stromlinie: 01^{10} und 03^{10}

Für die Leistungsklasse der 01 und 03 gingen bescheidenere Überlegungen nun dahin, die Laufruhe mit einem dreizylindrigen Triebwerk für 150 km/h zu verbessern. Die Kessel für Lokomotiven der späten 1930er-Jahre sollten jedoch immer noch genau dem alten Konzept der 1920er-Jahre mit kurzen Feuerbüchsen und langen Röhren entsprechen. Den für die neue Geschwindigkeitsdimension geforderten Leistungsgewinn wollte man allein mit der Verminderung des Luftwiderstandes durch Verkleidung erreichen. Alte Technik unter einer glänzenden Hülle: eigentlich kein Konzept für fundierte Innovation, sondern unfreiwillig ein typischer Fall von Nationalsozialismus.

Anregungen für eine wirklich moderne Dampflokomotive hätte es gegeben. So hatte Krupp 1932 ja die „Mitteldruck"-Lokomotiven 04 001 und 002 mit 25 bar Kesseldruck und einem vorzüglichen Vierzylinderverbundtriebwerk gebaut. Diese Druckverhältnisse waren mit den verfügbaren Kesselbaustoffen und Schweißverfahren noch

Stromlinienlok mit Doppelstockwagen

(links) Die kleinste deutsche Stromlinienlok wurde von der Lübeck–Büchener Eisenbahn bestellt. Mit den ersten neuzeitlichen Doppelstockwagen eröffnete die Tenderlok auch das Wendezugzeitalter in Deutschland.

Kontrolle, Wartung und Schmierung gestalteten sich durch die Rollläden der Erstausführung sehr schwierig und unter den Kanten der später ausgeschnittenen Verkleidungen hindurch als immer noch lästig genug. Jegliche Undichtigkeit an einem Ventil auf dem Kesselscheitel, bei einer unverkleideten Lokomotive mühelos zu lokalisieren, wurde bei Dampfaustritt irgendwo aus den Fugen der Verkleidungen zum Rätsel. Nur mit Abbau mehrerer Bleche konnten Diagnose und Reparatur gelingen. All diese Probleme wären von nicht gut zu meistern. Beispielsweise mit einem Kesseldruck von 18 at (anstelle der 16 at der 01 und 03 und der experimentellen 20 at der 05) und verbessertem Luftzutritt zur Feuerbüchse hätte man aber eine gute Lok gewonnen.

Entsprechend dem hinter blecherner Schale konservativen Konzept wurden nun die 01 und 03 als 01^{10} und 03^{10} in 55 bzw. 60 Exemplaren weitergebaut. Elegante Erscheinungen waren die Lokomotiven zunächst ohne Zweifel. Im Gegensatz zu manchen ausländischen Konstruktionen waren die Tender in die Verkleidung einbezogen. Die Linienführung war straff und verzichtete auf unnötige Dekoration. Alle Varianten roter, blauer oder grauer 01^{10} oder 03^{10} entstammen den durch Spiegelungseffekte erklärbaren optischen Täuschungen oder der Fantasie der Modellbahnindustrie. Alle Loks waren schwarz lackiert.

Mit allen soeben vorgestellten Stromlinienloks erlebte man eine schnelle Ernüchterung. Jede Unachtsamkeit im Betrieb hinterließ bleibende Beulen in den schnell verblassenden Hüllen. In den inneren Auskehlungen im Laufwerksbereich sammelten sich Kohlenstaub, Flugasche, Bremsstaub, Schnee, Regenwasser, Herbstlaub, Schmierstoffe und sonstiger Schmutz zu korrosionsfördernden Mischungen, die im Sommer feuergefährlich wurden und im Winter einfroren. Manche Stromlinienlok musste über viele Stunden aufgetaut werden. Die Achs- und Stangenlager neigten hinter den Verkleidungen zu schädlicher Überwärmung; ihre

Stromlinien-03
(links) Der Marinemaler Walter Zeeden (1891–1961) illustrierte viele Bücher und Hefte mit sachkundigen Eisenbahngrafiken und bildete auch die 03^{10} realistisch ab. Es handelt sich um die Variante mit einer bedienungsfreundlichen Aussparung der Verkleidung im Lauf- und Triebwerksbereich.

Es qualmt
(rechts) Eine unprofessionelle Heiztechnik wird der zufällig selben 01 1088 vor D 148 Berlin–Dresden–Prag–Pressburg im Elbetal in der sächsischen Schweiz zuteil. Eine solche Qualmentwicklung kann auf Streckenfahrt stets vermieden werden. Bild: Werner Hubert

spezialisierten Personalen unter Friedensbedingungen vielleicht zu meistern gewesen, wurden aber im Kriegsbetrieb schnell unbeherrschbar. Und der Kriegsbetrieb war es, in den hinein die Stromlinienloks abgeliefert wurden. Nachdem Hitler im September 1939 mit dem Angriff auf Polen den Zweiten Weltkrieg vom Zaun gebrochen hatte, stand eine Erweiterung des Schnellverkehrs im „Großdeutschen" Reich endgültig nicht mehr auf der Tagesordnung. Fortan galt es, die verminderte Zahl von D-Zügen mit erhöhtem Gewicht zu fahren und dabei den Vorrang von Militärtransporten und kriegswirtschaftlich wichtigen Güterzügen zu beachten. Zuverlässig mit 12-14 Wagen und 80-100 km/h lautete nun die Devise statt extravagant mit vier Wagen und 120-140 km/h.

Aber wir wollen das Kind nicht mit dem Bade ausschütten. Die Stromlinien-Pacifics besaßen vorzügliche Lauf- und Triebwerke, die nach 1950 in beiden Teilen Deutschlands zur Basis gelungener Umbauten wurden.

Letzte Hoffnung Stromlinie: 19 1001

Mitten im Zweiten Weltkrieg vollendete Henschel eine der interessantesten deutschen Dampflokomotiven des 20. Jahrhunderts, mehr noch: die letzte wirklich innovative Konstruktion jenseits des Musters aus dem 19. Jahrhundert. Die 19 1001 sah äußerlich zum Verwechseln den 01^{10} und 03^{10} ähnlich, war lauftechnisch eine konventionelle 1D1 mit Krauss-Helmholtz-Gestell und besaß den fast unveränderten Kessel der Güterzuglok 44. Doch die Antriebstechnik hatte es in sich. Pro Lokseite waren zwei „Dampfmotoren" aus je zwei in V-Stellung angeordneten Zylindern nebst zugehörigen Schieberkästen angeordnet. Sie arbeiteten mit einem System von Gelenkstangen ähnlich dem Einzelachsantrieb von Elloks auf die Radsätze. Alle Sorgen der Belastung herkömmlicher Triebwerke mit den sich bei steigenden Geschwindigkeiten potenzierenden Rückwirkungen auf den Oberbau schienen hier überwunden. Bis 1943 wurde die 19 1001 umfassend erprobt. Obwohl viele Verbesserungen im Detail notwendig wurden, erwies sich das Gesamtkonzept als brauchbar.

Die immer schwierigere Kriegslage machte weitere Entwicklungsarbeiten unmöglich. Der von vielen RAW-Aufenthalten unterbrochene Regelbetrieb der einzigen deutschen Dampfmotorlok endete 1944. Nach dem Krieg erschien die beschädigte und verrottete Lok amerikanischen Sachverständigen so interessant, dass man sie bei Henschel aufarbeiten ließ und am 18. Oktober 1945 in die USA verschiffte. Sie wurde dort noch erprobt. Weil aber in Nordamerika das Interesse an der Dampflok noch schneller erlosch als in Europa, wurde die letzte deutsche Stromlinienlok 1952 achtlos verschrottet.

Acht Zylinder!
Wiederum von 01^{10} und 03^{10} äußerlich kaum unterscheidbar war die futuristische Dampfmotorlok 19 1001. Ihre Erprobung verlief durchaus erfolgversprechend. Doch unter Kriegs- und Nachkriegsbedingungen fuhr ihr die Zeit davon. Bild: Carl Bellingrodt

Schnellzug in düsterster Zeit

Schon bei der Vorstellung der 01^{10} und 03^{10} war daran zu erinnern, dass der Krieg den schnellen Reiseverkehr immer schwerer belastete. Der Fahrplan der D- und FD-Züge war auf einen Restbestand reduziert. Zug der Zeit war mehrheitlich der SF (Schnellzug für Fronturlauber), der SFR (SF mit Reisezugteil) oder der DmW (D-Zug mit Wehrmachtabteil). Von höheren Geschwindigkeiten war keine Rede mehr. Mit 80 oder 90 km/h einigermaßen zwischen den zahllosen Militär-, Nachschub- und Kriegswirtschaftstransporten durchzukommen, war das Gebot der Stunde, wie es dem einzelnen Fahrdienstleiter per Telefonat und Fernschreiben der Oberbetriebsleitung und dem einzelnen Lokführer mittels Befehl auf dem Formularblock oder mittels Kreide auf einer nachts nur schwach beleuchteten Tafel am Stellwerk zur Kenntnis gebracht wurde. Man kann sich heute schwer vorstellen, wie der nächtliche Betrieb auf den Bahnhöfen – genauso wie das gesamte Leben in den Großstädten – unter den Bedingungen einer fast absoluten Verdunkelung aufrechterhalten wurde. Abenteuerlich wurden die Verhältnisse unter dem immer häufigeren Luftalarm, apokalyptisch wurden sie bei tatsächlichem Bombenabwurf auf die Gleisfelder. Züge fielen aus oder mussten großräumig umgeleitet werden. Da konnte der Weg von Passau nach Würzburg schon einmal über München oder der Weg von Berlin nach Frankfurt (Main) über Bamberg führen. Es liegt auf der Hand, dass echte Schnellzuglokomotiven für eine Betriebsführung solcher Art gar nicht mehr erforderlich waren. Ganz im Gegenteil eigneten sich für überschwere Reisezüge mittlerer Geschwindigkeit die modernen Güterzugloks der Baureihen 41, 50 und 52 sogar besser. Am 20. September 1944 zog das Reichsverkehrsministerium die Konsequenz und verfügte „vorerst" die Beschränkung von Haupt- und Zwischenuntersuchungen auf wenige Baureihen, im Bereich der

BESCHAFFUNG REICHSBAHNZEIT

Gattung und Hersteller	Bauzeit	Stück
2C1 h2 Baureihe 01 von Borsig, AEG, Henschel, Hohenzollern, BMAG, Krupp	1926–1938	231
2C1 h4v Baureihe 02 von Henschel, Maffei (später in 01 umgebaut)	1925/26	10
2C1 h3v Versuchslok H 02 1001 von BMAG, nicht von der DRB übernommen	1929	1
2C1 h2 Baureihe 03 von Borsig, BMAG, Henschel, Krupp	1930–1937	298
2C1 h4v Baureihe 04 von Krupp (Versuchsloks mit „Mitteldruck" 25 bar)	1932	2
2C2 h3 Baureihe 05 von Borsig (stromlinienverkleidete Schnellfahrversuchsloks)	1935	2
2C2 h2t Baureihe 61 von Henschel (stromlinienverkleidete Lok für den Henschel-Wegmann-Zug)	1935	1
2C2 h3 Baureihe 05 von Borsig (kohlenstaubgefeuerte Versuchslok mit Frontführerstand)	1937	1
2D2 h3 Baureihe 06 von Krupp (stromlinienverkleidet)	1938	2
2C1 h3 Baureihe 01^{10} von BMAG (stromlinienverkleidet)	1939/40	55
2C1 h3 Baureihe 03^{10} von Borsig, Krupp, Krauss-Maffei (stromlinienverkleidet)	1939/40	60
2C3 h3t Baureihe 61 von Henschel (stromlinienverkleidete Lok für den Henschel-Wegmann-Zug)	1939	1
1D01 h8 Versuchslok 19 1001 von Henschel (stromlinienverkleidete Dampfmotorlok)	1941	1
Summe DRB (ohne H 02 1001)		**674**
1B1 h2t Stromlinientenderloks der Lübeck–Büchener Eisenbahn für Wendezüge von Henschel	1935–1937	3

Polnische Qualität
(oben) Peinlich genug für die Bahngewaltigen im überdehnten Großdeutschland bewährte sich die schlichte 1D1 aus dem eroberten und verachteten Polen im Schnellzugdienst besser als die gefeierten Stromlinienloks. Die Pt31 der PKP lief bei der DRB als 19^{1}.
Bild: Hermann Maey

Baureihe 486 von Škoda
(rechts) Die Entwicklung der Schnellzuglokomotive blieb in der Zwischenkriegszeit in ganz Europa nicht stehen. Škoda baute 1933 für die Tschechoslowakischen Staatsbahnen (ČSD) die imposante 486.001 der Bauart 2D1 h3 mit 1.830 mm Treibraddurchmesser. Erst nach dem Zweiten Weltkrieg beschafften die ČSD Schnellzugloks dieser Achsfolge in Serie.

Kilometer für den „Endsieg"

Höchsten Rang behielten die aus einem reichhaltigen Park von Salon-, Schlaf-, Speise- usw. -wagen bestückten Züge für die weiterhin luxuriös lebenden und reisenden führenden Herren des „Dritten Reiches". Im Oktober 1944, also jenem Monat, in dem die Amerikaner bei Aachen und die Sowjets in Ostpreußen die Reichsgrenze überschritten, wurden noch folgende Kilometerleistungen mit „Sonderzügen für Reisen führender Persönlichkeiten und Zwecke der Reichsregierung" (Originalzitat Reichsverkehrsministerium) gefahren.

Zweck	km
Reichsführer SS Heinrich Himmler (ausschließlich in der „Ostmark")	3.174 km
Reichsmarschall Hermann Göring (ausschließlich im nördlichen Brandenburg)	2.932 km
Staatsakt Beisetzung General Schmundt	1.809 km
Chef des Transportwesens General Rudolf Gercke (zwischen den Hauptquartieren Mauerwald und Zossen)	1.452 km
Oberkommando des Heeres	1.426 km
Generalfeldmarschall Wilhelm Keitel (ausschließlich in Schlesien)	1.230 km
Wehrmachtführungsstab	690 km
Ungarischer Reichsverweser Horthy (Hegyeshalom–Weilheim/Obb und zurück)	1.210 km
Jägerstab (befasst mit Jagdflugzeugproduktion)	476 km
Staatsakt Beisetzung Generalfeldmarschall Rommel	1.374 km
rumänische und bulgarische Diplomaten	436 km
Summe:	**16.409 km**

Schnellzugloks auf die 01 und 03 (Zwillingstriebwerk). Das bedeutete die alsbaldige Abstellung aller Länderbahnschnellzugloks – im Falle der Familie der preußischen S 10^1 und S 10^2 jedenfalls in den späteren Westzonen ohne Wiederkehr. Am 22. Januar 1945 wurde der gesamte Schnellzugverkehr im verbleibenden Reichsgebiet eingestellt und damit auch die Erhaltung der 01 und 03 in den RAW zum Ruhen gebracht.

Man darf sich aber keinesfalls vorstellen, dass den ständig verschlechterten Reisemöglichkeiten auch ein abnehmender Reisebedarf gegenübergestanden hätte. Das Nazireich hielt den übermächtigen Offensiven von drei Fronten (Osten, Westen und Italien) und dem ständig verstärkten Luftkrieg nur stand durch eine stetig intensivierte innere Organisation seiner kleiner werdenden „Festung", und dazu gehörte die umfassende Mobilisierung des Volkes in einem Universum der Dienstverpflichtungen, Einberufungen, Verlagerungen, Entsendungen und Versetzungen. Millionen Kinder schließlich wurden unter dem Rubrum der „Erweiterten Kinderlandverschickung" aus den bombenbedrohten Großstädten in die vorerst weniger gefährdeten östlichen Teile des Reiches gefahren. Das Trauma von Flucht und Vertreibung wenig später potenzierte sich durch den Umstand, dass zahllose Kinder betroffen waren, die ab Januar 1945 fern von ihren Familien in den großen Strudel westwärts gerissen wurden.

Letzter Aufschwung, später Glanz. DB und DR „machen das Beste draus“

Aufbruch in eine bessere Zeit
(rechts oben) Vorbei an den Ruinen von Wuppertal führt die hervorragend gepflegte 01 1075 im Gründungsjahr der Bundesrepublik Deutschland 1949 den D 31 Köln–Braunschweig.
Bild: Carl Bellingrodt

Zeitlos schön
(rechts) Galerie der Nachkriegslokomotiven der DB! 03 1001, 44 1118 und 50 1329 pausieren 1953 im Bw Koblenz-Mosel.
Bild: Carl Bellingrodt

Erst mal nur eingleisig
(ganz rechts) 03 274 durcheilt den Bahnhof Wilmersdorf auf der Strecke Stralsund–Pasewalk–Berlin. Der in der Gegenrichtung fahrende Triebwagen kann erst jetzt Ausfahrt erhalten, weil die Strecke wie fast alle Hauptbahnen der DR seit dem sowjetisch verfügten Abbau von Schienen und Schwellen eingleisig betrieben wird. Die Lok trägt noch eine flache Behelfsrauchkammertür.

Der Schnellzug in Jahren des Neubeginns

Was bereits für die Kriegszeit zu verzeichnen war, galt nach der Niederlage noch radikaler: Mit den Zuggeschwindigkeiten und demgemäß den Fahrzeiten war man auf ein Niveau des tiefsten 19. Jahrhunderts zurückgefallen. Oberbauschäden, Behelfsbrücken, rudimentäre Signalanlagen in gleisreduzierten Bahnhöfen usw. bedingten zahllose Langsamfahrstellen. Weiterhin hielt sich der Bedarf an echten Schnellzugloks in Grenzen. Die oft überschweren Reisezüge waren mit vier- und fünffach gekuppelten Lokomotiven der Reihen 39, 41, 42, 44, 50 oder 52 besser bedient als mit hochbeinigen Dreikupplern.

Die Bilder der Züge der ersten Nachkriegsjahre bleiben im kollektiven Gedächtnis. Da gab es die zusammengewürfelten Wagengarnituren, auch auf den Trittbrettern, Puf-

Bild der Zerstörung
Stellvertretend für das Schicksal zahlloser Lokomotiven steht hier die durch einen Bombentreffer in Posen am 29. Mai 1944 zerstörte 03 1092. Bild: Carl Bellingrodt

01 1075

03 1001
50 1329
44 1118

03 274

fern und Dächern dicht von Menschen besetzt. Da gab es im Sommer 1945 sogar die für Reisende freigegebenen Kohlenzüge bei ihrer Leerfahrt zurück ins Ruhrgebiet. Stehende Beförderung im offenen Güterwagen, gewiss eine makabre Neuigkeit in der damals gut hundertjährigen Eisenbahngeschichte. Und im Gegensatz dazu dann die wenigen exklusiven Züge mit dem Gattungszeichen „L“ wie „Luxus“, die Deutschland mit fast exterritorialem Status durchquerten. „Für deutsche Reisende nur mit Interzonenpass und Zulassungskarte“ oder „Für innerdeutschen Verkehr gesperrt“ hieß es dazu im Kursbuch.

In einer eisenbahngeschichtlichen Veröffentlichung war vor Jahren zu lesen, dass unter den unwirtlichen Bedingungen ja ohnehin wenige Leute auf Reisen gegangen seien. Genau das Gegenteil war der Fall. Die mobilisierte Gesellschaft des totalen Krieges war zur entwurzelten Gesellschaft der Besatzungszeit geworden. Millionen befreite ausländische Zwangsarbeiter, Kriegsgefangene und KZ-Häftlinge machten sich auf den Weg zu einem neuen Leben. Millionen Angehörige von Wehrmacht und Waffen-SS wurden nach und nach aus Kriegsgefangenschaft oder Internierung entlassen oder verließen die Lazarette und machten sich auf den Weg zu ihren Angehörigen, schwierig genug, weil die ausgebombten Familien irgendwo anders Unterschlupf gefunden hatten. Weitere unfreiwillige Reisetatbestände ergaben sich durch die Flucht und Vertreibung der Deutschen aus Polen, der Tschechoslowakei, Ungarn und Jugoslawien bzw. aus den Reichsgebieten östlich von Oder und Neiße. Der D-Zug-Verkehr begann wieder am 22. September 1945 auf der Verbindung zwischen München als der größten

ПАРОВОЗ СЕРИИ ТС

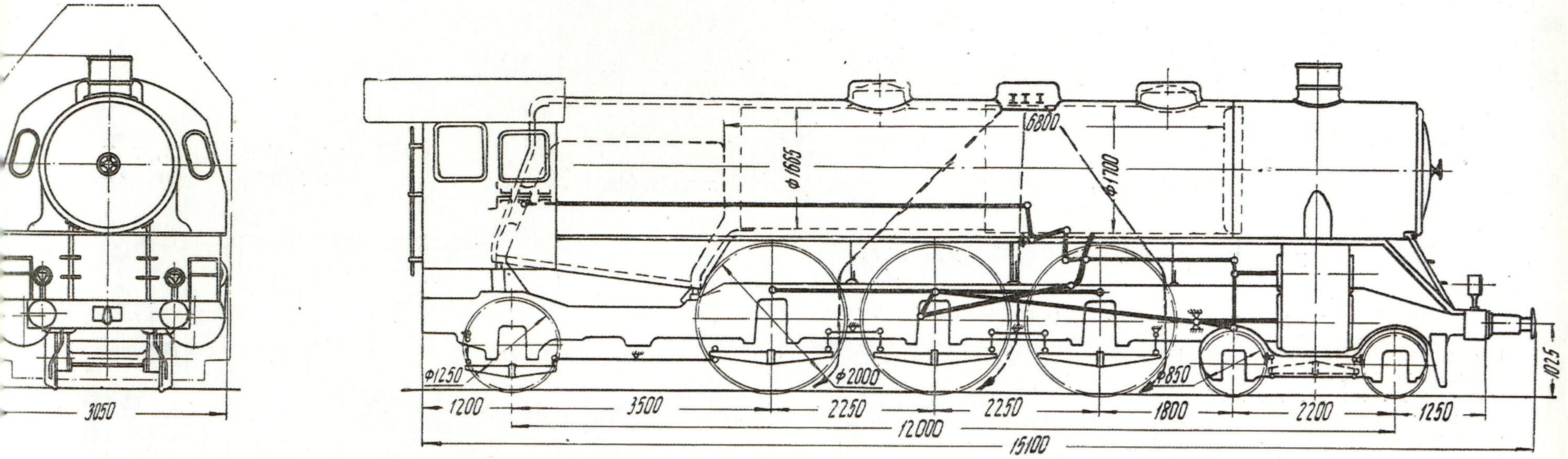

Давление колёсной пары на рельсы в т		18,37	18,35	18,33	18,30	14,85	14,84
Разбеги осей (отклонения тележек) в мм ±		0,5(80)	0,5	0,5	0,5	0,5 (50)	0,5
Размеры шеек осей в мм	диаметр	200	230	230	230	180	180
	длина	295	280	280	280	297	297

Sowjetisches Datenblatt (oben) Der militärische Zusammenbruch von 1945 hatte den Verbleib deutscher Eisenbahnfahrzeuge in etwa 15 Ländern zur Folge. Mit dieser Zeichnung lieferten sowjetische Techniker den Überblick über den Aufbau der Reichsbahn-Baureihe 03, von der bis Anfang der 1950er-Jahre etwa 20 Exemplare unter der Reihenbezeichnung TC in Litauen eingesetzt wurden.

Entstromt und mitgenommen (links) Keiner unmittelbaren Kriegseinwirkung, sondern den praktischen Bedürfnissen des Betriebes fiel die gesamte untere Hälfte der Verkleidung der 05 002 zum Opfer. Nach jahrelanger Abstellzeit traf sie in diesem Zustand 1950 bei Krauss-Maffei in München zur Wiederaufarbeitung ein.
Bild: Dr. Scheingraber

Stadt der US-Zone und Frankfurt (Main) als Verwaltungszentrum dieser Zone. Das erste Kursbuch für die US-Zone mit Gültigkeit ab 1. Januar 1946 weist für diesen D 369 eine Fahrzeit von 10 Stunden und 6 Minuten aus. Er fuhr über Kornwestheim und umging damit den Stuttgarter Hauptbahnhof.

Nicht im Kursbuch erschien der am 20. November 1945 beginnende amerikanisch/britische Militärverkehr zwischen den Westzonen und Berlin. Große Aufmerksamkeit hingegen genoss am 1. Oktober 1946 der erste für öffentlichen Verkehr freigegebene Interzonenzug Amsterdam–Hannover–Helmstedt–Berlin.

Fortan gab es neue Zuggattungen. Der DBA diente der britischen, der DFA der französischen und der DUS der amerikanischen Besatzungsmacht. Die der sowjetischen Besatzungsmacht vorbehaltenen Züge erschienen nicht in öffentlichen Kursbüchern. Eigenartigerweise wurde in den Westzonen für die in alter Fahrplanlage wieder eingesetzten Züge die nun anachronistische Bezeichnung „DmW" beibehalten.

„Unten ohne" in der Bizone ...
(oben) In einer kurzen Übergangszeit setzte die Reichsbahn des Vierzonen-Deutschland „teilentstromte" Schnellzugloks ein. 01 1052 führt bei Wernfeld am Main 1949 den D 90 Hamburg-Altona–Würzburg–München. Die Garnitur beginnt mit einem betagten hölzernen preußischen Schnellzugwagen. Bild: Carl Bellingrodt

... und in der Ostzone
(rechts) Ein vergleichbares Bild bietet die 03 1010 der DDR-Reichsbahn.

Mit Stromlinie auf Linie bringen
(ganz rechts oben) 61 002 behielt ihre Vollverkleidung. Politische Spruchweisheiten waren an Lokomotiven und Bahnhofsgebäuden zu SED-Zeiten so allgegenwärtig wie absurd. Keiner der politisch entmündigten DDR-Bürger hatte irgendeine Möglichkeit, zur Ächtung der Atombombe und zur Erzwingung des Friedens irgendeinen Beitrag zu leisten.

Es lohnt sich, für einige klassische Städteverbindungen typische D-Zug-Fahrzeiten im letzten Friedensfahrplan, nach dem letzten vor dem Zusammenbruch veröffentlichten Kursbuch vom 3. Juli 1944 und dann in drei Nachkriegssommern zu vergleichen.

VERGLEICH DER FAHRZEITEN 1939 BIS 1956

Laufweg	Sommer 1939	Sommer 1944	Sommer 1946	Sommer 1949	Sommer 1956
Berlin–Hamburg-Altona	3.31	4.46	kein Angebot	6.36	7.04
Berlin–Hannover	3.31	4.47	kein Angebot	6.56	6.41
Köln–Hamburg Hbf	6.36	7.53	10.31	7.34	6.23
München–Frankfurt (M)	6.08	7.59	10.15	7.51	6.01
Dresden–Leipzig	1.40	2.19	2.54	2.54	2.25
Berlin– Dresden	1.56	3.19	5.24	4.06	3.57
Basel–Karlsruhe	2.34	3.41	5.43	4.40	3.30

Die Fahrzeiten 1949 von Berlin nach Hamburg bzw. Hannover enthalten Kontrollaufenthalte von 101 bzw. 79 min in Schwanheide bzw. Marienborn, 1956 sind es 57 bzw. 60 min.

01 1057 vor dem blauen „Rheingold-Express"
(oben) Der Einsatz der aufgearbeiteten 01^{10} und 03^{10} bei der frühen Bundesbahn hat einen besonderen Rang in der deutschen Lokomotivgeschichte. Vor den zeitbedingt schweren D-Zügen und den 1951 ambitioniert eingeführten F-Zügen wurden Leistungen wie kaum jemals vor- und nachher abverlangt. Wir sehen 01 1057 vor dem F 164 „Rheingold-Express" Hoek van Holland–Basel in seiner damaligen Konfiguration mit blauen Schürzenwagen 1952 in Offenburg.

Porträt mit markantem Vorwärmer
(rechts oben) So sah man sie bei näherer Betrachtung: die weiter oben schon mit Stromlinienverkleidung gezeigte 01 1088 mit dem charakteristischen „Knubbelvorwärmer".

Das blaue Wunder
(rechts unten) Die entstromte schlanke 03^{10} gehörte zu den schönsten deutschen Lokomotiven. 03 1014 war zeitweise blau lackiert und trug schmückende blanke Kesselringe.
alle Bilder: Carl Bellingrodt

Sortierung und Reparatur: Schnellzugloks in der „schlechten Zeit"

In meiner wenige Jahre nach dem Zweiten Weltkrieg geborenen Generation war die „schlechte Zeit" ein feststehender Begriff, belebt von den Erzählungen der Eltern von all jenen Abenteuern, die sie für den schlichten Erwerb eines Minimums an täglicher Nahrung aufgewendet hatten, mit Erzählungen auch aus der Zeit der Berliner Blockade, in der man ein paar rohe Kartoffeln per Einschreibepäckchen in die belagerten Westsektoren geschickt hatte.

Zahllose auf Abstellgleisen rostende Lokomotiven in unterschiedlichsten Beschädigungszuständen und aus den verschiedensten Ländern prägten das Bild der Bahnhöfe. Aber die durchaus vorstellbare große Resignation angesichts apo-

01 1088

03 1014

Darum ist es am Rhein so schön
(links oben) Was für ein herrlicher Zug! E 714 ist gebildet aus 03 1022 und der Doppelstockgarnitur der ehemaligen LBE und passiert 1951 auf seiner Fahrt von Dortmund nach Frankfurt die Burg Rheinstein.

Neunmal europäisches Wagenmuseum: Schwere Last für 03 1051
(links unten) Mehr Arbeit hat 03 1051 mit dem FD 163 Basel–Hoek van Holland, aufgenommen 1950 bei Trechtinghausen am Rhein.

Der „Rheingold-Express" fährt wieder
(oben) Und dies war die erste Fahrt des Nachkriegs-„Rheingold" am 20. Mai 1951! 03 1051 führt bei Bacharach eine glänzend restaurierte blaue Garnitur mit silbernen Dächern. Als Fahrgäste hat man sich Geschäftsreisende, Beamte, Offiziere der Besatzungsmächte und Abgeordnete des seit knapp zwei Jahren in Bonn residierenden Bundestages vorzustellen. Die leere Bundesstraße wirkt aus heutiger Sicht märchenhaft.
alle Bilder: Carl Bellingrodt

kalyptischer Zustände blieb aus. Man ging unverzüglich ans große Aufräumen und alsbald auch an den großen Aufbau. Die Zusammenarbeit mit den Besatzungsmächten funktionierte reibungslos, wobei die sowjetische Militäradministratur nach dem Grundsatz verfuhr, dass eine Hand nicht wusste, was die andere tat. Während nämlich einerseits fast vom ersten Tage der Aufbau eines kommunistischen Bündnisstaates in Deutschland erzwungen wurde, demontierte man andererseits rücksichtslos Produktionskapazitäten und Infrastruktur jenes künftigen Partners. Jedenfalls: In Deutschlands Verwaltung und Wirtschaft und so auch in seinem Eisenbahnwesen herrschten 1948 zwar dürftige, aber wieder geordnete Verhältnisse. Auf Lokomotivtendern oder Güterwagen oder auf Puffern und Trittbrettern reiste niemand mehr.

Auf dem Lokomotivsektor herrschten in den vier Zonen sehr gegensätzliche Zustände. Weil schon in der letzten Phase des Krieges viele Lokomotiven westwärts verbracht worden waren, verfügte die alsbald aus den britischen und amerikanischen Besatzungsgebieten zusammengefügte Bizone über deutlich mehr Lokomotiven als notwendig. Nur knapp ausreichend hingegen war der Maschinenpark in der französischen Zone. Die sowjetische Zone jedoch besaß aufgrund der Westabfuhr vor Kriegsende sowie der massiven Zugriffe der Besatzungsmacht einen schwer defizitären Lokpark. Ganz abgesehen von den endgültigen Verbringungen ostwärts wurden auch die verbliebenen Maschinen höherer Leistungsklasse jahrelang für den sogenannten Kolonnendienst vor Militär- und Reparationstransporten der Besatzungsmacht bis zur polnisch-sowjetischen Grenze herangezogen. Die entspannte Situation in der Bizone bedeutete das Ausmusterungsurteil für nahezu alle älteren mehrzylindrigen Schnellzuglokomotiven und damit für fast alle großrädrigen Länderbahnloks. Kaum eine der schon gegen Kriegsende abgestellten 17er kam noch einmal unter Dampf, ganz im Gegensatz zur Sowjetzone, wo Lokomotiven mit den Reihennummern 17, 18 und 19 noch lange unentbehrlich blieben. In allen Zonen bildeten 01 und 03 den harten Kern des Schnellzuglokbestandes. Die Problemfälle mit Stromlinienverkleidung hatte man schon vor dem Zusammenbruch abgestellt. Die 01^{10}, 03^{10} und 05 wurden nun von den verrotteten Blechhüllen befreit, erhielten konventionelle Kesselbekleidungen und wurden dem regulären Lokpark zugeführt. Die Hauptuntersuchung einer 03^{10} der DB dauerte im Durchschnitt viereinhalb Monate, die Generalreparatur einer Schwesterlok der DR hingegen mehr als zwölf Monate. Längst wirkten sich die gegensätzlichen wirtschaftlichen Voraussetzungen in den beiden deutschen Staaten aus. Während im Westen gegossener, geschmiedeter oder gewalzter Stahl, Kupfer und Rotguss, Gummi und Schmierstoffe zwar teuer, aber im eigenen Lande oder per Import unbegrenzt verfügbar waren, zehrte der Osten weithin von einer schmalen Substanz.

Die Weltrekordlok entstromt
(oben) Die vielleicht eindrucksvollsten Lokomotiven der jungen Bundesbahn waren die drei instandgesetzten 05. Die Weltrekordlok 05 002 hat im April 1951 ihren langen Aufenthalt bei Krauss-Maffei absolviert. Bilder: Carl Bellingrodt

Auch 05 003 zeigt sich unverkleidet
(links) Auch die 05 wurde bevorzugt vor F-Zügen eingesetzt. 05 003 führt 1954 bei Gruiten den F 14 „Dompfeil" Hannover–Köln. Der Abschied der stolzen Schönheiten kam schnell. Mit ihrem herabgesetzten Kesseldruck ohnehin leistungsgemindert musste die Splittergattung schon 1958 der V 200 weichen.

Die beiden missglückten Riesen der Reihe 06 blieben bei der DB abgestellt und wurden verschrottet. So lautet der leicht kuriose Befund, dass nach dem Zweiten Weltkrieg mit Stromlinienverkleidung nur noch Tenderloks eingesetzt wurden, nämlich 61 001 (nur bis November 1951) im Westen und 60 002, 60 003 und 61 002 im Osten Deutschlands. Wir skizzierten in schwierigen Nachkriegszeiten große Reaktivierungsaktionen und werden weiter beobachten: Die späte Technikgeschichte deutscher Schnellzugloks ist eine Geschichte erfolgreicher Umbauten bei nur noch minimaler Neubautätigkeit.

VERFÜGBARER PARK AN SCHNELLZUGLOKS ENDE 1950 IN WEST UND OST

Gattung	DB	DR
01	165	65
01^{10}	54*	–
03	144	80
03^{10}	26**	19***
05	3****	–
17^{10}	–	45
18^{0}	–	9
18^{1}	25	–
18^{3}	3	1
18^{4-5}	86	–
19	–	21
60	–	2
61	1	1

* Reaktivierung März 1949 – Mai 1951

** Reaktivierung Februar 1949 – November 1950

*** Generalreparatur April 1952 – Dezember 1954

**** Reaktivierung Oktober 1950 – April 1951

03 1046

01 230

01 120

Brigade
Deutsch-Sowjetische
Freundschaft

Vorherige Doppelseite:

Große Windleitbleche der DR
(links oben) 01^{10} waren der Reichsbahn nicht verblieben, so dass sich die Reaktivierung von Stromlinienloks für das östliche Netz auf die 03^{10} beschränkte. Mit großen Windleitblechen entstand ein Erscheinungsbild ähnlich den zweizylindrigen 01 und 03. Die 03 1046 wartet in Leipzig Hbf auf die Abfahrt.

Große Windleitbleche der DB
(links unten) Zunächst liefen die Einheitsloks der DB noch mit den großen Windleitblechen der Reichsbahnzeit. Das Bild von 1951 mit der 01 230 vor der noch nicht wieder verglasten Halle des Bahnhofs Wuppertal-Elberfeld erinnert an die Nachkriegszeit.
Bild: Carl Bellingrodt

Im Osten nichts Neues
(rechts oben) Die DR behielt die alten Windleitbleche bei, so dass die 01 120 noch am 26. Juni 1967 im Berliner Ostbahnhof im traditionellen Erscheinungsbild zu sehen ist.
Bild: Lokführer Günter Meyer

Platz für platte Parolen
(rechts unten) Die großen Windleitbleche schienen für politische Propaganda ideal geeignet. 01 186 signalisiert 1960 in Berlin dem Zaungast die wichtige Botschaft, dass sie unter Betreuung der „Brigade Deutsch-Sowjetische Freundschaft“ steht.

Aufgeräumte Ruhe
(oben) Ganz friedlich wirkt die Szenerie mit einer 03 in Berlin-Friedrichstraße. Nur in Zeiten der Teilung der Hauptstadt freilich war es vorstellbar, dass ein von Osten kommender Schnellzug hier endete und von der Zuglok Tender voraus abgezogen wurde. Bald nach 1961 war auch der Ostkopf des innerstädtischen Grenzbahnhofs Friedrichstraße mit hohen Wänden abgeschirmt.

Missbraucht für Propaganda
(links beide Bilder) An Botschaften überladen ist die 03 195 anlässlich der 3.000. Ausbesserung im Raw „Wilhelm Pieck“ Chemnitz 1951. Außer dem Präsidenten der DDR grüßt man die Weltfestspiele in Berlin und die Völkerfreundschaft. Eine Holztafel mit Frakturschrift teilt außerdem mit, dass „Eisenbahner auf Friedenswacht stehen“, will sagen: am schon begonnenen Aufbau von Streitkräften teilnehmen.

Schnellzugloks in Köln

(oben) Zurück in den Westen! Köln war wie auch Dortmund, Hamm, Hannover, Hamburg, Bebra, Frankfurt und Mannheim ein Zentrum des Betriebes mit Schnellzugdampflokomotiven. Zu jeder Tageszeit hätte man zu Füßen des Doms Aufnahmen wie hier am 4. Oktober 1957 mit 03 074 (Zuglauf Mönchengladbach–Frankfurt), 01 122 (Krefeld–Basel) und einer weiteren unbekannten 01 fertigen können.

Immer noch Länderbahnloks

(unten) Neben mehr oder weniger modernisierten Einheits-Pacifics – und immer mehr Elektro- und Dieselloks – bewahrten sich zunächst auch noch Länderbahnloks ihre regionalen Nischen. Die württembergischen C mit den Nummern 18 128 und 102 warten 1954 in Radolfzell auf ihre nächsten Einsätze. Bild: Carl Bellingrodt

Elegante Witte-Windleitbleche
(oben) Selbstverständlich passten DB und DR ihren riesigen Dampflokpark den aktuellen Erfordernissen und dem Stand der Technik an. Äußerlich nicht sichtbar war die Schweißung der Kessel anstelle aller Nietverbindungen. Die DB ersetzte die großen Bleche durch Witte-Windleitbleche. Wir erkennen an der 03 064 auch den Indusi-Magneten. Sie hat ihren kleinen Tender 2'2T30 behalten, vorteilhaft für kurze Drehscheiben.

Mit Verbrennungskammern und Mischvorwärmern
(unten) Ein Zwischenschritt auf dem Wege zum leistungsfähigeren Kessel war 1950 die Ausrüstung von fünf 01 der DB mit Verbrennungskammern und Mischvorwärmern. Die gut gepflegte 01 154 steht in München abfahrbereit.
Bild: Dr. Günther Scheingraber

Wahre Schönheit
Eine elegante Erscheinung war unsere 03 zweifellos! Die kleinen Windleitbleche verstärkten den Eindruck der Leichtigkeit. Über die 03 entbrannten in der Bundesbahnzeit literarische Kontroversen, in denen die Einheitsloks zu sehr herabgesetzt wurden. Mit letztlich begrenzten Verbesserungen wie der inneren Schweißung der Kessel, der verbesserten Zugführung der Verbrennungsluft und engeren Blasrohren wurden die 01 und 03 zu sehr brauchbaren Schnellzugloks für die Jahre zwischen Wiederaufbau und Elektrifizierung.
Bild: Helmut Först

Not macht erfinderisch: S 10^1 mit Kohlenstaubfeuerung

Alle bislang vorgestellten Lokomotiven waren mit Steinkohle aus dem Ruhrgebiet, dem Saarbecken oder Oberschlesien gefeuert worden, und zwar außer im Falle des Einzelstücks 05 003 mit Stückkohle per Heizerschaufel. Die DDR besaß keine nennenswerten Steinkohlevorkommen. Weniger die oft kolportierte Bosheit westlicher Kapitalisten als viel-

mehr die selbst auferlegten Handelsbeschränkungen des stalinistischen Wirtschaftssystems hemmten den Zugang zur Ruhrkohle jenseits der Demarkationslinie oder zur oberschlesischen Kohle im nunmehrigen Polen. Die Erschließung der heimischen Braunkohle für die ganze Breite der Wärmeerzeugung wurde mit höchster Priorität vorangetrieben. Für Lokomotiven entwickelte Hans Wendler in Anknüpfung an Versuche der Zwischenkriegszeit ein System der Kohlenstaubfeuerung. In überraschend einfacher Technologie sorgte der Saugzug der Dampfmaschine für die Ansaugung des Brennstoffs aus dem Tender in die Feuerbüchse. Außer Güterzugloks wurden auch 14 Loks der Reihe 17^{10} (ex pr S 10^{1}) zwischen Januar 1950 und Januar 1955 entsprechend umgebaut. Einbezogen wurden 1952 auch die 03 1087

Ruhepol in regem Treiben
Buchstäblich mitten im Leben der deutschen Nachkriegsgesellschaft steht 03 170 unter dem milden Licht der Bahnhofshalle von Hamburg-Altona. Die Zeit der Dampflok musste zu Ende gehen, doch der Abbruch der 1889 gebauten Halle in Altona 1974 bleibt eine Sünde verfehlter Ideologie. Bild: W. Brauns

und zwei Sonderlinge, nämlich die 07 1001 und 08 1001. Es handelte sich um die vormalige 231 E 18 der französischen Nordbahn (2C1 h4v) und die vormalige 241 A 4 der französischen Ostbahn (2D1 h4v). Beide hatten zu der beträchtlichen Zahl von Lokomotiven gehört, die beim Rückzug 1944 aus Frankreich mitgenommen worden waren. Im Einsatz befriedigten die beiden Einzelgänger jedoch keineswegs. Nach bescheidenen Laufleistungen wurden sie am 1. März 1957 endgültig abgestellt und ein Jahr später verschrottet. Einigermaßen zufriedenstellend entwickelte sich der Einsatz der beim Bw Cottbus konzentrierten 17er. Zwischen November 1957 und August 1962 wurden sie abgestellt. Maßgeblich waren hierfür weniger Probleme mit der Kohlenstaubfeuerung, sondern der insgesamt verbrauchte Zustand der Maschinen. Die Achillesferse der neuen Feuerungsart war DDR-typisch: Die Industrie konnte die Zulieferung von Braunkohlenstaub in der geforderten Feinkörnung nicht aufrechterhalten oder gar steigern. Es gab aber noch weitere Probleme. Die Kohlenstaublokomotive hatte ja keinen Aschkasten. Alle unverbrennbaren Restbestandteile des Staubes gingen durch den Schornstein ab. Deshalb bewirkte der Kohlenstaubbetrieb eine kaum erträgliche Verschmutzung der Lokomotiven, der Gleise und der Umgebung.

DR-Lok mit Kohlenstaubfeuerung
Eine zeitgeschichtliche Episode blieb die Feuerung von Dampflokomotiven mit Kohlenstaub. Der Schnappschuss von 1951 zeigt hinter dem Personal der 17 1042 und einem von Leben und Arbeit gegerbten Eisenbahner den für den neuen Brennstoff adaptierten Tender.

Letzte Blüte der Verbundlok: S 3/6 mit Neubaukessel

Eine weltweit einmalige deutsche Spezialität war die Umrüstung mehrerer Baureihen auf neue Kessel. Im Falle der nachgebauten späten Serien der bayerischen S 3/6 waren nicht Konstruktions- oder Werkstoffmängel der Dampferzeuger, sondern ihre Abnutzung und Materialermüdung maßgeblich für den Entschluss, 30 Exemplare mit geschweißten Neubaukesseln nunmehr mit Verbrennungskammer auszustatten. Selbstverständlich wurde der Umbau mit zahlreichen anderen Verbesserungen im Detail verbunden. Die leitenden Herren des Zentralamts Minden der DB und die Firma Krauss-Maffei schafften es, die harmonische

Alle Wege führen nach Paris
Eine 18^4 (ex bayerische S 3/6) befährt den Bodenseedamm und wird sogleich Lindau erreichen. Die Kilometerangabe nach Paris, Innsbruck und Strasbourg erinnert an eine Zeit, als der Landkreis Lindau genauso wie das südliche Württemberg und Vorarlberg französisches Besatzungsgebiet war.

Länderbahnkonstruktion neu
Der Laie konnte die Ertüchtigung der Nachbauten der S 3/6 mit einem neuen Kessel kaum erkennen, denn man wahrte Grundaufbau und Erscheinungsbild. Die Nutzungsdauer der 18^6 blieb freilich bestürzend kurz. Sie teilte das Schicksal vieler guter Dampflokkonstruktionen der 1940er- und 1950er-Jahre. Bild: Carl Bellingrodt

Gestalt der S 3/6 weitgehend zu bewahren. 1953–1957 ging die nunmehrige Baureihe 18^6 in Dienst. Doch ihre Nutzungsdauer in Hessen und Bayern, zuletzt auf der Allgäubahn München/Augsburg–Lindau, war mit fünf bis elf Jahren bestürzend kurz. Die Elektrifizierung machte so viele modernere Einheitsloks frei, dass die nach Geschwindigkeit und Zugkraft nachrangigen Umbauloks viel zu früh entbehrlich wurden. Der Rest fiel neuen Dieselloks zum Opfer.

Varianten der S 3/6
Die drei fast völlig gleichen Gesichter der S 3/6 verraten bei genauer Betrachtung die Unterschiede zwischen der 18 538 links, der 18^6 mit etwas dickerem Neubaukessel in der Mitte und einer der letzten im Aufnahmejahr 1958 noch vorhandenen 18^4.

Die zweite Sanierung der Dreizylinderloks

Kaum hatten DB und DR mit beträchtlichem Aufwand ihre jahrelang abgestellten dreizylindrigen Stromlinienloks 01^{10} und 03^{10} als Schnellzugloks regulärer Bauform wieder zum Leben erweckt, sahen sie sich mit einem längst bekannten Geburtsfehler in der Frage der Werkstoffwahl alarmierend konfrontiert. Man hatte beide Stromlinien-Baureihen (wie auch eine Anzahl konventioneller Einheitsloks der Baureihen 41 und 50) mit Langkesseln aus der Stahlsorte St47K ausgestattet. „K" steht für kaltgewalzt. Der Stahl war härter als bisherige Kesselstähle, sodass mit geringeren Stärken Gewicht gespart werden konnte – was im Hinblick auf die Mehrlast durch drittes Triebwerk und Verkleidung notwendig war. Doch der durch das Kaltwalz-Verfahren im Stahl verbleibende Stickstoff machte das Material nach kurzer Zeit spröde. Mangelnde Elastizität führte zu Rissen, die sich einer Reparatur durch Schweißung widersetzten. Man versuchte, mit Flicken aus herkömmlichem Stahl St34 die Lebensdauer der Kessel notdürftig zu verlängern. Ständige Kontrollen sollten dem Risiko einer Explosion vorbeugen.

Nur kurz im Dienst
Zu spät für eine noch große Bedeutung in der Zugförderung kam die Modernisierung der 03^{10}. Nicht einmal ein Jahrzehnt arbeitete sie zwischen Aachen und Helmstedt. 03 1017 präsentiert sich wie ein Neubau.

TABELLEN: DIE REGIONALE VERTEILUNG DER SCHNELLZUGLOKS

01 bis 19 und relevant vor D-Zügen eingesetzte 39 und 41 in Deutschland 1955/56

OBL SÜD 3. JUNI 1956

BD	Bw	Baureihe
Augsburg	Neu-Ulm	39
	Kempten	39
	Lindau	18^5
Frankfurt (M)	Frankfurt (M) 1	01, 39
	Gießen	39
	Dillenburg	39
	Wiesbaden	03
	Darmstadt	03, 18^6
Karlsruhe	Heidelberg	39
	Karlsruhe	39
	Offenburg	01, 01^{10}
	Villingen	39
	Konstanz	38
Kassel	Kassel	01^{10}
	Bebra	01^{10}
Mainz	Ludwigshafen	03, 03^{10}
	Kaiserslautern	39
	Koblenz-Mosel	01
München	Treuchtlingen	01
Nürnberg	Nürnberg Hbf	18^6
	Würzburg	01
Regensburg	Regensburg	18^5
	Hof	01, $18^{5/6}$
Stuttgart	Stuttgart	39
	Ulm	18^4
Trier (noch ohne Saarbahnen)	Trier	38

OBL WEST 22. MAI 1955

BD	Bw	Baureihe
Essen	Hamm	01, 05
	Dortmund Bbf	03^{10}
	Paderborn	23
Hamburg	Hamburg-Altona	03, 03^{10}
	Lübeck	41
Hannover	Hannover	01, 03
	Bremen Hbf	03
	Braunschweig Hbf	01, 41
Köln	Köln Bbf	01, 03
	Köln-Deutzerfeld	03, 23
	Mönchengladbach	23
Münster	Osnabrück Hbf	01^{10}, 03
	Rheine	03
Wuppertal	Hagen-Eckesey	01, 01^{10}, 41
	Siegen	23

Durchschnittliche tägliche Laufleistungen von mehr als 800 km erbrachten 01 des Bw Hannover (818 km), 01^{10} des Bw Osnabrück Hbf (874 km) und 03^{10} des Bw Dortmund Bbf (1.053 km).

Mit neuem Kessel
Aus der wenig glücklichen Stromlinienlok 01^{10} wurde durch die Neubekesselung eine der leistungsfähigsten deutschen Dampflokomotiven. Wir sehen 01 1060 im frischen Glanz des am 4. Dezember 1953 abgeschlossenen Umbaus. Bild: Carl Bellingrodt

DR 1. JULI 1955

Rbd	Bw	Baureihe
Berlin	Berlin-Ostbahnhof	03
Dresden	Dresden-Altstadt	18^{0}, 19, 39
	Gera	39
	Karl-Marx-Stadt Hbf	39
	Karl-Marx-Stadt-Hilbersdorf	39
	Reichenbach	39
	Riesa	39
	Zwickau	39
Cottbus	Cottbus	17^{10}
	Görlitz	39
Erfurt	Erfurt P	01
Greifswald	Stralsund	03^{10}
Magdeburg	Magdeburg Hbf	01
Schwerin	Wittenberge	01
Halle	Halle P	03, 03^{10}, 18^{3}
	Leipzig West	03

Zunächst spitzten sich die Probleme bei der besonders belasteten 01^{10} der DB zu. Schon gut zwei Jahre nach ihrer Wiederinbetriebnahme mussten bei Henschel neue Kessel beschafft werden, mit denen die Maschinen zwischen Dezember 1953 und Oktober 1956 wieder dem angestrengtesten Betrieb zur Verfügung gestellt werden konnten. Inzwischen selbstverständlich waren der Einbau einer Verbrennungskammer und die vollständige Schweißung der Kessel. Innovativ war auch die Ausrüstung mit Mischvorwärmern. Die 01^{10} erbrachten fortan bis zur Elektrifizierung 1963 auf der Nord-Süd-Strecke Hannover–Frankfurt (M)/ Würzburg die höchsten Leistungen in der Geschichte deutscher Dampflokomotiven.

Der Riss des Langkessels der 41 229 beim Wasserdruckversuch am 28. April 1955 bei nur 11,5 bar offenbarte den Ernst der Lage auch bei dieser Baureihe und der genauso bekesselten 03^{10}. Die DB entschloss sich auch in diesem Fall

Ohne Dekoration – und einfach schön
(links) Schönheit der Technik! Das Gesicht der im AW Braunschweig soeben umgebauten 01 1061 im Sonnenlicht des Januar 1954 mit dem auffälligen Kolbenstangenschutzrohr der Dreizylinderlok. Bild: Carl Bellingrodt

Mit Oberflächenvorwärmer
(oben) Bei der DR war die explosionsgefährdete 03^{10} als erste im Bereich der Einheits-Pacifics neu bekesselt. Die lange bei der Versuchsanstalt Halle eingesetzte 03 1010 behielt ihren Oberflächenvorwärmer. Bild: Gerhard Illner

Eine 03^{10} der DR
(links) Fast alle Neubau- und Rekoloks der DR erhielten den Mischvorwärmer mit dem charakteristischen Trapezprofil über der Rauchkammer, hier zu sehen an der 03 1048 im Bw Stralsund am 25. August 1969. Bild: Max Delie

Eine 03^{10} der DR
(unten) 03 1010 ist als betriebsfähige Museumslok erhalten geblieben und hat in den vergangenen drei Jahrzehnten zahllose Sonder- und Plandampfzüge gefahren wie hier im Oktober 1991 auf der Strecke Berlin–Magdeburg. Bild: Andreas Knipping

Wartungsarbeiten
(rechts) Kein Rad drehte sich ohne die schwere Arbeit von Lokführern, Heizern und Schuppenarbeitern. Hier werden im August 1969 im Bw Stralsund Kreuzkopf und Gleitbahn der 03 1089 geschmiert.

zur Neubekesselung. Mit Rollenlagern an den äußeren Treib- und den Kuppelstangen, mit einer Kohlenachschubeinrichtung auf dem Tender und Abdeckklappen über dem Kohlekasten wurden zusätzliche Innovationen wirksam. Wenig Freude machte man dem Betrieb mit dem Heißdampfregler.

Das Risiko des Kesselbaustoffs St47K war im Osten genauso bekannt wie im Westen. Man flickte, man schweißte, man überwachte. 1955 wurde in leitenden Gremien Einigkeit über die Neubekesselung der 03^{10} erzielt. Doch was in Westdeutschland zehn Jahre nach dem Krieg ein willkommener Auftrag für eine dankbare Schar von Lokherstellern war, gestaltete sich der DDR zu einem jahrelangen Kampf um Material-, Konstruktions- und Baukapazitäten. Der Not gehorchend beschaffte man 1957 zwei Nachbaukessel nach altem Muster. Als der zeitgemäße Neubaukessel mit Verbrennungskammer endlich in Serie ging, rekonstruierte man damit ab Frühjahr 1958 zunächst die Baureihe 39 zur Reihe 22. Für die gefährlichen Kessel der 03^{10} galt das Prinzip Hoffnung … doch in den letzten Minuten des 30. September 1958 nahm die Fahrt des D 78 von Berlin über Dresden und Prag nach Wien in Wünsdorf ein jähes Ende. Der Kessel der 03 1046 explodierte. Der Lokführer war sofort tot, der Heizer überlebte mit schwersten Verletzungen.

Außer den beiden Exemplaren mit Nachbaukesseln musste die ganze Baureihe in der ersten Oktoberwoche 1958 abgestellt werden. Zwischen Februar und Dezember 1959 verließen 16 mit neuen Kesseln „rekonstruierte" 03^{10} das Raw Meiningen und gesellten sich zu den beiden Loks mit Nachbaukesseln. Mit vielen anderen Innovationen gewann man eine fast neue Baureihe, die mit verschiedenen Fertigungsmängeln der neuen Kessel und anderen Kinderkrankheiten erhebliche Nacharbeit erforderlich machte.

Dauergast im Schnellzugpark: alte 39 und neue 22

Die Reichsbahn des Vierteljahrhunderts 1920–1945 hatte wie berichtet außer den beiden kuriosen Giganten der Reihe 06 keine vierfach gekuppelten Schnellzugloks beschafft. Damit blieb die preußische P 10 bzw. DRB 39 auch in der Kriegs- und Nachkriegszeit unentbehrlich. Die DB konnte

die Seniorin mit der alsbaldigen Elektrifizierung vieler Strecken in Südwestdeutschland allmählich entlasten und größere Umbaukonzepte zu den Akten legen. Anders die DR, die auf den Mittelgebirgsstrecken der Rbd'en Erfurt und Dresden absolut auf die 39 angewiesen blieb. Die Schwierigkeiten von Heiztechnik und Dampferzeugung potenzierten sich durch die notgedrungene Feuerung mit Braunkohlebriketts. Außerdem zeigten die Kessel Ermüdungserscheinungen. Deshalb entschloss man sich zur umfassenden Rekonstruktion des gesamten vorhandenen Bestandes parallel zur 03^{10} und mit demselben modernen Kessel mit Verbrennungskammer. Die Umgestaltung ging u. a. mit dem Einbau neuer Zylinder und Führerhäuser und der Beigabe von Einheitstendern so weit, dass man – mit Blick auf das übernommene Lauf- und Triebwerk sicherlich etwas gewagt – eine neue Reihennummer nunmehr im Bereich der Einheitsloks vergab. Zwischen Mai 1958 und März 1962 verließen die frischgebackenen 22 001–085 das Raw Meiningen. Der Betrieb war mit den Rekoloks überaus zufrieden. Die durch den Kessel ermöglichte und vom Betrieb geforderte hohe Beanspruchung vom ersten Tage an machte sich freilich mit überhöhten Schäden an den nicht mehr jungen Laufwerken deutlich bemerkbar. Deshalb und wegen der Elektrifizierung im Süden der DDR wurde die Baureihe 22 bereits 1967–1971 ausgemustert. 52 ihrer noch guten Kessel wurden 1969–1975 auf Einheitsloks der Baureihe 03 umgesetzt, deren Zuverlässigkeit und Leistung sich damit für die letzten Betriebsjahre beträchtlich steigerten.

Baureihe 10: „Der Schwarze Schwan"

Geradezu selbstverständlich stellten die Bahnverwaltungen im geteilten Deutschland recht bald nach 1945 Überlegungen zum Neubau von Dampflokomotiven an, erschien doch eine landesweite Elektrifizierung nach dem Vorbild der Schweiz zunächst einmal genauso utopisch wie der totale Übergang auf Dieseltraktion nach US-Vorbild. Die auf hergebrachte Zuggewichte und Geschwindigkeiten angelegten Typenprogramme enthielten in Ost und West nicht überraschend jeweils auch eine Schnellzuglok mit mehrzylindrigem Triebwerk. In der DDR wurden diese Skizzen bald weggelegt, weil politische Wertungen und volkswirtschaftliche Mangelzustände einen absoluten Vorrang von Güterverkehr und Pendlerverkehr in Großräumen diktierten. Bei der DB war die Entwicklungsarbeit von Unentschlossenheit geprägt. Zeitweise sollte eine 1C1 im Sinne einer Oberstufe zur aktuell ausgelieferten Personenzuglok 23 genügen, dann wieder dachte man an eine imposante 2D1. Schließlich fiel die Entscheidung für eine dreizylindrige 2C1. Endlich wurden bei Krupp zwei Exemplare der so gearteten Baureihe 10 bestellt. Noch während ihrer reichlich langen Bauzeit verloren jedoch Bundesverkehrsministerium und DB das Interesse an der Dampflokomotive. Die schnellzugtaugliche Großdiesel-

Beinahe-Schnellzuglok 22
Mit dem Umbau des ihr zugefallenen Teiles der Reihe 39 zu einer neuen Baureihe 22 verbesserte die DR die Basis ihrer Schnellzugförderung ganz erheblich. Schade nur, dass Elektrifizierung und Verdieselung ihr eine nur kurze Blütezeit bescherten. Die Reichenbacher 22 030 wendet am 25 Juli 1964 in Hof. Bild: Hans Schneeberger

Beschaffung Baureihe 10

Deutsche Bundesbahn	Stück
2C1 h3 von Krupp, 1957	2

Ein Spätling
Technisch und ästhetisch umstritten war die letzte deutsche Dampfschnellzuglok der Baureihe 10. Obwohl sie noch kein Jahrzehnt alt ist, fährt die 10 002 im September 1966 in Treysa schon ihrem baldigen Abschied entgegen. Der Fahrdraht über der Strecke Frankfurt (Main)–Kassel hängt schon. Bild: Gottfried Turnwald

lok V 200 ging 1956 in Serie, 1957 auch die E 10. Ebenfalls 1957 wurden die 10 001 und 002 geliefert. Mit einer Teilverkleidung im Bereich der Zylinderpartie und mit Schürzen unter den Umlaufblechen war der „Schwarze Schwan“ als insgesamt letzte neue Dampflokomotivtype für deutsche Eisenbahnen eine auffällige Erscheinung und weckte hier Begeisterung und dort Kopfschütteln. Vollständig geschweißt mit Verbrennungskammer und Rollenlagern an Trieb- und Laufwerken war die 10 jedenfalls eine moderne Lok. Und sie war die zugkräftigste aller jemals gebauten oder umgebauten deutschen Schnellzugdampfloks. Unbefriedigend war ihr überhöhtes Gewicht. Mit einer Achsfahrmasse von 22 t waren die Loks nur auf wenigen Strecken einsetzbar. Als reichlich störanfällige und bei den Personalen wenig beliebte Sonderlinge ergänzten sie auf der Nord-Süd-Strecke und zwischen Kassel und Frankfurt (M) den Bestand an 01^{10}. Schon nach einem Jahrzehnt war 1968 Feierabend.

Beim Thema „Neubau“ darf nicht unerwähnt bleiben, dass DB und DR ihre eindeutigen Personenzugloks 23 (Baujahre 1950–1959) und 23^{10} (1956–1959) jeweils der Bauart 1C1 h2 mit ihren 105 bzw. 113 Exemplaren zunächst gerne vor Schnellzügen einsetzten. Ihre 110 km/h genügten unter Nachkriegsbedingungen auf vielen Strecken.

Späte Größe anderswo

Spitzenprodukt im Nachbarland
Von den Nachbarländern Deutschlands waren es Frankreich und die Tschechoslowakei, die nach dem Zweiten Weltkrieg noch bemerkenswerte Neukonstruktionen wagten. Die im Zusammenhang der betriebsfähigen musealen Erhaltung erneuerte farbenfrohe Lackierung der 498.022 der ČSD steht in einem makabren Kontrast zu der von den Kommunisten genau in ihrem Baujahr 1948 über das Land verhängten Düsternis. Bild: Andreas Knipping

An dieser Stelle sei wieder ein Blick über Deutschlands Grenzen gestattet. Auffällig ist die beträchtlich späte Bedeutung der Achsfolge 2D1. Meisterhaft gelungen waren die tschechoslowakischen 2D1 h3 der Reihen 498.0 und 498.1, gebaut 1948–1955 in zusammen 55 Exemplaren. Spitzenpositionen im internationalen Lokomotivbau hatten schon vor 1945 die französischen 2D1 eingenommen. Unbestreitbare Krönung war die 2D1 h4v mit 2.020 mm Treibraddurchmesser der Reihe 241 P, geliefert 1948–1952 in 35 Exemplaren. Sowohl die ČSD als auch die SNCF entlasteten die Arbeit des Heizers durch eine maschinelle Rostbeschickung, auch in Europa unter dem amerikanischen Begriff „Stoker" geläufig.
Es ging auch noch größer! Nach dem Zweiten Weltkrieg schritten die Sowjetischen Eisenbahnen zur Höchstform ihrer Schnellzuglokentwicklung in Gestalt der П36 (P36), einer 2D2 h2 mit 1.850 mm großen Rädern, gebaut 1950–1956 in 251 Exemplaren. Weiter westlich hatte Frankreich schon mit genau einem Exemplar dieser Achsfolge Aufsehen erregt, der Vierzylinderverbundlok 242 A 1. Sie gilt als die stärkste in Europa je gebaute Dampflokomotive. Sie entstand 1943 und mithin unter deutscher Besatzung durch Umbau aus einer 2D1. Ihr geistiger Vater war André Chapelon, der weltweit wohl bedeutendste Dampflokkontrukteur des 20. Jahrhunderts. Hierzulande kaum bekannt ist die überaus imposante spanische 242F, eine 2D2 h2 mit 1.900 mm großen Rädern aus dem Jahre 1957. Freilich: Das Schicksal der nur zehn Exemplare entspricht dem tragischen Weg vieler später Dampflokkonstruktionen im Zeitalter des Strukturwandels. Schon 1974 erlosch ihr Feuer, vier Jahre nach dem Abschied der 241 P der SNCF und etwa gleichzeitig mit der Ausmusterung der 498 der ČSD.

SCHNELLZUG ZUR SPÄTEN DAMPFZEIT

Das Ende der Berliner Blockade am 12. Mai 1949 markiert den Übergang von chaotischen Nachkriegszuständen zum wenn auch kontroversen so doch einigermaßen geordneten Nebeneinander zweier Systeme. Noch im selben Jahr gründeten sich im Westen die Bundesrepublik Deutschland und im Osten die Deutsche Demokratische Republik. Die nicht zu diesen beiden Staaten gehörenden vier Sektoren von Berlin unterlagen komplizierten Sonderbedingungen.

Der Reiseverkehr entwickelte sich in Ost und West gegensätzlich. Im Westen waren zwar Autos zunächst noch sehr teuer, aber mit Motorrädern, erschwinglichen Kleinwagen und dem legendären VW lief unter den Bedingungen frei verfügbaren Treibstoffs die Welle der Motorisierung mächtig an, energisch unterstützt natürlich durch die Fahrzeugindustrie und die Mineralölwirtschaft und eine äußerst wohlmeinende Politik. Zum „Wohlstand für alle" – so ein Buchtitel des legendären Wirtschaftsministers Ludwig Erhard – gehörte unverzichtbar das Reisen. Hatte man noch zu Zeiten der Weimarer Republik beim Arbeitgeber auch nur um einen einzigen Tag der Freistellung aus familiären Gründen betteln müssen, so garantierten Dienstordnungen und Tarifverträge nun immer mehr bezahlten Urlaub. Da fuhr nun also die Familie in den Schwarzwald und an die Ostsee, nach Oberbayern oder in den Harz und wenig später auch schon nach Tirol und an die italienische oder jugoslawische Adria. Und da fuhr der Herr Direktor (Frauen in Führungspositionen waren noch selten) zur hoch bedeutsamen Besprechung mit anschließendem Herrenabend nach München, Bonn oder Frankfurt (Main). Unter Bedingungen eines noch mangelhaft ausgebauten Autobahnnetzes und unbefestigter Alpenpässe empfahl sich für die familiäre Ferienreise nicht der Vorkriegs-Adler, der Lloyd Alexander, der Fiat 500 oder der Renault 4CV. Und auch wenn der gut erhaltene Maybach oder der neue Benz oder BMW in der Garage stand, war für die Geschäftsreise der seit 1951 fahrende blaue F oder rote Ft der Bundesbahn ganz einfach schneller. Aber: Etwa 1955 ging die kleinräumige Ergänzung des Autobahnnetzes in die zügige Erweiterung über. Gleichzeitig wurde das Netz der Bundesstraßen insbesondere mit Ortsumgehungen auf eine neue Basis gestellt. Und die Kaufkraft der Bundesbürger stieg ständig. Der DKW 3=6, der Opel Rekord, der Ford Taunus oder der Borgward Isabella wurden von Luxussymbolen zu alltagsrelevanten Verkehrsmitteln. Der Bundesbahn fuhr die Kundschaft beängstigend schnell davon.

Deutlich anders sah es in der DDR aus. Die Automobilproduktion und der Zustand des Straßennetzes blieben bei weitem hinter dem Bedarf zurück. Treibstoffe blieben teuer und knapp. Die neuen Eliten in Gestalt der in Partei, Staat und Wirtschaft herrschenden Funktionäre blieben genauso auf den Dampfzug angewiesen wie die Werktätigen, denen die zentrale Verwaltung einen Ferienplatz im Thüringer Wald, im Erzgebirge oder an der Ostsee zugewiesen hatte. Die Verfügbarkeit eines EMW war hohes Privileg, der Besitz eines IFA F8 eine stete Herausforderung für den Bastler.

Eine nicht zu unterschätzende politische, ökonomische und emotionale Bedeutung behielt der Interzonenzug. Er verband die Bundesrepublik mit Westberlin, er hielt die verwandtschaftlichen Beziehungen über die Demarkationslinie hinweg am Leben, und er schaffte für ein paar Tage oder Wochen Einblick in die Lebensverhältnisse im konkurrierenden System. Der Interzonenzug schließlich war häufig auch das Mittel zum endgültigen Verlassen der DDR. Deshalb wurden ab dem Mauerbau 13. August 1961 Genehmigungen zur Westreise nicht mehr erteilt. 1964 erteilte der Obrigkeitsstaat den Rentnerinnen und Rentnern dann wieder diese Gnade.

Hohen ökonomischen und emotionalen Rang hatte der Postverkehr im Interzonenzug. Die pro Jahr 30 bis 50 Millionen „Päckchen nach drüben" mit all ihren begehrten Inhalten wie Kaffee, Schokolade, Backzutaten, Zigaretten, Alkohol, Obstkonserven, Kinderspielzeug und Textilien waren in der Planwirtschaft der DDR mit nüchterner Selbstverständlichkeit als erwartbare Eingänge verbucht. Routine war auch der Diebstahl von Amts wegen durch Zoll- und Stasi-Organe. Ebenfalls große Bedeutung hatten in Zeiten von Reiseverbot und unzureichendem Telefonnetz auch die Milliarden Briefe zwischen Deutschland und Deutschland. So reisten denn im Postwagen hinter der schwer arbeitenden 01^5 von Bebra hinauf in Richtung Ostgrenze und von Erfurt in Richtung Westgrenze viele stumme Gefühle und stille Tränen mit. In mancher Vorweihnachtszeit waren zwei Postwagen nötig. Und schließlich war der Interzonenverkehr Bestandteil des internationalen West-Ost-Verkehrs. Hinter der 01 oder 03 rollten Kurswagen von Amsterdam, Hoek van Holland, Oostende, Paris, Lille, Basel und Rom nach Warschau, Brest und Moskau.

Verjüngung in den besten Jahren: die 01 bekommt neue Kessel

Um 1955 hatten viele Exemplare der klassischen Einheitsschnellzuglok 01 schon ein Vierteljahrhundert angestrengtesten Dienstes hinter sich. DB und DR entschlossen sich zur Neubekesselung eines Teils ihres unentbehrlichen 01-Bestandes, und zwar unter Beschränkung auf Exemplare mit 1.000 mm großen Vorlaufrädern ab 01 102. Nach einem Großversuch, bei dem schon 1950 fünf 01er einen neuen Stehkessel mit Verbrennungskammer und einen Mischvorwärmer bekommen hatten, fiel nun die Entscheidung der DB zum weitreichenden Umbau von 50 Exemplaren. Wie die Mehrzahl der Neu- und Umbauten der DB erhielten auch die 01 einen Heißdampfregler. Die Lokfabrik Jung, die Maschinenfabrik Esslingen und das AW Nied lieferten die neuen Kessel. In auch äußerlich neuer Gestalt verließen die Loks zwischen Mai 1958 und Dezember 1961 das AW Nied. Inzwischen war freilich die Elektrifizierung mächtig vorangeschritten, so dass der betriebliche Bedarf an den leistungsertüchtigten Maschinen schon schmaler geworden war. Die Begeisterung über die Umbauloks im Betrieb hielt sich in Grenzen, und zwar nicht zuletzt wegen der gelungenen Aufholjagd der alten Kessel von 01 (und 03). Bei ihnen hatte man nämlich alle Nietverbindungen durch Schweißnähte ersetzt und damit ihre Resistenz gegen dauerhafte Hochbelastung und ihre Flexibilität gegenüber Temperatur- und Druckschwankungen kräftig erhöht. Schon 1967 wurden die ersten Umbau-01 abgestellt.

Bei der DR war die Lage der Zugbespannung aus den verschiedensten Gründen sehr viel kritischer. Als der Umbau bei der DB schon abgeschlossen war, rückten hier 35 Maschinen ins Raw Meiningen ein, um es zwischen April 1962 und Mai 1965 mit ebenfalls einem geschweißten Neubaukessel mit Verbrennungskammer wieder zu verlassen. Mit einem höher gelegten Umlauf, einer spitzen Rauchkammertür, einer gemeinsamen Verkleidung der Kesselaufbauten und teilweise mit Boxpok-Rädern hatte sich das Erscheinungsbild noch mehr als bei den DB-Umbauten verändert. Außerdem wurden sie als 01 501–535 neu nummeriert. Entsprechend den volkswirtschaftlichen Gegebenheiten blieben die Loks vollständig bis 1977 und im Auslauf bis 1982 im meist sehr angestrengten Schnellzugdienst aktiv. Eine kleine historische Ironie steckt in der Beobachtung, dass die stolze 01^5 mit ihrem Symbolwert für sozialistische Eigenständigkeit der DDR auf den Verbindungen von Berlin nach Probstzella, Bebra, Helmstedt und Hamburg eine „deutsch-deutsche“ Betriebsgeschichte mit vorrangig westdeutschen Reisenden absolvierte wie keine andere Lokomotivtype.

01 149 mit neuem Kessel (links) 50 Exemplare der zweizylindrigen 01 kamen in den Genuss neuer Kessel. Die Nürnberger 01 149 bedient 1966 vor eine Garnitur aus modernen ČSD-Wagen den Ost-West-Verkehr. Bild: Gottfried Turnwald

Reichsbahn-Schnellzug (rechts) Aus erhöhter Warte sehen wir 01 513 mit einem typischen noch aus Vorkriegswagen gebildeten DR-Schnellzug der 1960er-Jahre bei der Fahrt durch Bad Kösen. Bild: Gerhard Illner

Interzonenverkehr
Bis 1973 war die Erfurter 01.05 für den Interzonen- und Berlin-Verkehr nach Bebra zuständig. 01 0520 verlässt im März 1972 den Hönebacher Tunnel wenige Kilometer westlich der innerdeutschen Grenze. Freundliche Geste des Heizers für den soeben erblickten Fotografen: Ein imposanter Ölstoß fürs schöne Bild!
Bild: Andreas Knipping

Unglückslok
Neben der mit einem 22er-Kessel modernisierten 03 2237 steht am 29. Januar 1977 in Dresden-Neustadt abfahrbereit die ebenfalls kohlegefeuerte 01 1516. Noch im selben Jahr wird aufgrund einer unbegreiflichen fortgesetzten Vernachlässigung von Überwachungs- und Bedienungspflichten des Lokführers und des Heizers ihr Kessel explodieren.
Bild: Miroslav Petr

Boxpok-Räder

Einen fast futuristischen Eindruck machte die 01 502 am 18. Juli 1964 in Bebra mit durchgehender Domverkleidung, Umlaufschürze und Boxpok-Rädern. Die letztgenannten Baumerkmale der Reko-01 fielen jedoch dem baldigen Rückbau zur Normalausführung zum Opfer.
Bild:Peter Konzelmann

18 201 und 18 314: Zwei Lokomotiven aus dem Märchenland

Die Reichsbahn blieb kraft politischer Entscheidung auf 120 km/h gedeckelt. Zur Erprobung von Reisezugwagen für den sehr intensiven Export wünschte die DDR-Führung aber eine Anzahl von Triebfahrzeugen mit der Befähigung zu 150 km/h. Dem Chef der Versuchs- und Entwicklungsstelle für Maschinenwesen in Halle Max Baumberg glückten zwei geniale Umbauten. Die schon 40 Jahre alte badische IV h 18 314 wurde 1960 umfassend modernisiert. Kernstück des Umbaus war die Ausstattung mit dem geschweißten Neubaukessel des Musters für die Baureihen 03^{10}, 22 und 41. Äußerlich beeindruckte eine im Vergleich zur Baureihe 10 der DB ansprechendere Verkleidung der Zylinderpartie. Eine grüne Lackierung unterstrich die Besonderheit des Einzelstücks. Und nicht genug damit: Die DR verfügte ja über die Stromlinien-Tenderlok 61 002 mit 2.300 mm großen Antriebsrädern. Recht viel hatte man mit ihr nicht anfangen können. Ihr vorzügliches Lauf- und Triebwerk

18 314 – Umbau der Lokomotivversuchsanstalt Halle
(unten und folgende Seite) Ein Höhepunkt im Rahmen des wohlüberlegten Projekts „Reko“ war die Ertüchtigung der vier Jahrzehnte alten 18 314 zu einer Schnellfahrversuchslok im Dienste des Waggonexports. Ihr Einsatz oftmals auch vor regulären Schnellzügen währte von der Fertigstellung im Dezember 1960 bis Dezember 1971.

wurde nun Basis einer weiteren Schnellfahrversuchslok. Die Güterzuglok 45 024 spendete die Außenzylinder. Dampferzeuger war derselbe Neubaukessel bei der 18 314. Damit legte sich die DDR die nach 1945 und bis heute schnellste betriebsfähige Dampflokomotive der Welt zu. Wiederum sorgten eine elegante Verkleidung und eine grüne Lackierung für bleibendes Aufsehen der 18 201. Ab 1961 wurde sie intensiv im Versuchsbetrieb eingesetzt. Am 12. Oktober 1972 beschleunigte Lokführer Rindelhardt die Maschine mit besonderer Genehmigung auf 182,4 km/h. Wie schon in den Tagen der 05 vor dem Zweiten Weltkrieg gestalteten sich solche Schnellfahrten mit Dampflokomotiven alles andere als einfach. Besonders der über viele Kilometer erstreckte Bremsvorgang erforderte viel Fingerspitzengefühl, wenn man Schäden an der kostbaren Technik vermeiden wollte. Und dennoch flogen glühende Stücke der Bremsklötze weit über die Lok. Auch wenn es mancher Freund der Dampflokomotive nicht gerne liest oder hört: weltweite Erfahrungen beweisen, dass der Dampfbetrieb bei etwa 140 km/h an verschiedene schwer überschreitbare Grenzen stößt.

Dampflok der Superlative
(oben) Zu einem wahren Wunderwerk steigerte sich das Rekonstruktionsprogramm mit der Konfiguration der 18 201, sicherlich der bemerkenswertesten Schöpfung deutschen Dampflokbaus nach dem Zweiten Weltkrieg. Inzwischen schon weit mehr als zwei Drittel ihres Lebensweges hat sie im Sonderdienst für Eisenbahnfreunde verbracht. Bild: Andreas Knipping

Als 02 0201 im Dienst
(unten) Das Konzept „Plandampf" verhalf der 18 201 (oder in EDV-Nummerierung 02 0201) zu Leistungen vor regulären Schnellzügen u. a. zwischen Saalfeld und Probstzella. Den Fahrplan der Dieselloks auf der damals noch eingleisigen und nicht elektrifizierten Strecke hielt sie 1992 mühelos ein. Bild: Andreas Knipping

Letzte Ölung – größter Leistungsgewinn

Ganz zu Beginn unseres Überblicks war an den Übergang vom Holz zur Kohle mit ihrer höheren Energiedichte als Urknall des Industriezeitalters und damit als Startschuss für das Eisenbahnzeitalter zu erinnern. Der Zweite Weltkrieg mit seinen riesigen Lkw-, Panzer- und Flugzeugflotten brachte den noch vielfach energiedichteren und flexibleren Brennstoff Öl in eine bis heute noch nicht beendete Offensive. Auf den Eisenbahnnetzen der Welt begann der Siegeszug von Triebwagen und Lokomotiven mit Dieselmotor. Im Zusammenwirken mit der schon vor dem Ersten Weltkrieg begonnenen Elektrifizierung wurde das Ende der Dampfzeit absehbar. Die Umstellung der gesamten Triebfahrzeugparks war freilich in technologischer wie in finanzieller Hinsicht das Projekt für eine ganze Generation. Mehrere Bahnverwaltungen entschlossen sich für eine Übergangszeit, Dampflokomotiven neuester Generation auf Ölfeuerung umzustellen. Erforderlich war dies, als auf manchen Strecken eine Dampferzeugung notwendig wurde, die einem Heizer auf Kohlebasis unzumutbar oder gar unmöglich war. Gesellschaftsgeschichtlich nicht zu vernachlässigen betrachten wir nach 1949 endlich eine Zeit, in der Arbeitsbedingungen rechtliche und mediale Wahrnehmung erlangten. Personalvertretungen rebellierten gegen Überforderung; und ein guter Heizer fand jederzeit abseits der Bahn einen leichteren Job. Zunächst war es die DB, die einen Teil ihrer soeben neubekesselten 01^{10} sowie der Baureihen 41 und 44 und auch die beiden neuen 10er auf eine Feuerung mit leichtem Heizöl umstellte. Der Umbau bestand in der Entfernung von Rost, Aschkasten und Funkenfänger, der unteren Ausmauerung der Feuerbüchse, der Einbringung eines Ölbehälters in den vormaligen Kohlenkasten des Tenders und dem Einbau von Ölbrennern an der vorderen unteren Feuerbüchswand. 34 Exemplare der 01^{10} wurden zwischen Juli 1956 und Juni 1958 bei Henschel entsprechend umgebaut. Sie und die 10er waren und blieben fortan die leistungsfähigsten je in Deutschland eingesetzten Dampflokomotiven.

Einige Jahre später ging auch die DR zur Ölfeuerung im höchsten Leistungssegment des Dampfbetriebes über, allerdings mit schwerem Heizöl, das aus der volkseigenen Mineralölwirtschaft nahezu als Abfallprodukt verfügbar war. Vorrangig für den Interzonenverkehr zwischen Berlin und den DB-Wendebahnhöfen Bebra und Hamburg-Altona gingen die rekonstruierten 01 mit den Nummern 519–535 zwischen Februar 1964 und Mai 1965 ab Raw Meiningen mit Ölfeuerung in Dienst. Elf schon zuvor rekonstruierte Maschinen wurden zwischen Februar 1965 und April 1966 entsprechend umgebaut, sodass nur sieben kohlegefeuerte 01^5 verblieben. Zwischen Juni 1965 und September 1972 verließen dann auch 17 Exemplare der Baureihe 03^{10} das Raw Meiningen mit Ölfeuerung.

Wir betrachten hier eine Epoche, in der die Führung von SED und DDR bedenkenlos auf eine energiewirtschaftliche Zukunft auf der Basis von Erdöl und Atomkraft setzte. Die Elektrifizierung der Eisenbahnstrecken wurde rabiat unterbrochen; massenhaft aus der Sowjetunion importierte Dieselloks sollten die verbliebenen Dampfloks ablösen. Es kann nicht verwundern, dass die prominent eingesetzten Erprobungsloks der VES/M Halle, nämlich 18 201 (Umbau aus 61 002), 18 314 (Rekonstruktion bad. IV h) und 19 015 und 022 (Rekonstruktion sä. XX HV) 1967/68 auch noch auf Ölfeuerung umgestellt wurden.

Wir halten mit den späten 1960er-Jahren inne und vermerken den Abschluss aller Entwicklungsarbeit an der deutschen Dampfschnellzuglokomotive nach ziemlich genau einem Jahrhundert, auch wenn ihr Betriebseinsatz noch für ein gutes Jahrzehnt gewähren sollte.

Der schnelle Abschied DB

Das Bundesverkehrsministerium und die Hauptverwaltung der Bundesbahn fassten Mitte der 1950er-Jahre den Beschluss, die Dampflokomotive im Laufe von zwanzig Jahren zu verabschieden. Der zunächst auf den schwerstbelasteten Hauptstrecken eingeführte elektrische Betrieb und der auf einfachen Nebenbahnen schnell zu realisierende Dieselbetrieb sollten vom oberen und unteren Rand des betrieblichen Leistungsspektrums her den Dampfbetrieb bis zum endgültigen Auslauf in die Zange nehmen. Das Programm wurde planmäßig umgesetzt und betraf naturgemäß frühzeitig den Schnellzugbetrieb, während sich im Personen- und Güterverkehr auf mäßig belasteten Strecken Dampfreservate noch länger hielten. Ein Paukenschlag war die Elektrifizierung der Nord-Süd-Strecke Hannover–Würzburg/ Frankfurt (M) 1963. Niemals

Rekonstruierter Vierkuppler
Hier sehen wir sie in voller Schönheit, die sächsische XX HV in letzter Bauform. In nur zehn Betriebsjahren zwischen der Rekonstruktion 1964/65 und der Abstellung 1974/76 erreichten die 19 015 und 022 (im EDV-Zeitalter Reihe 04) freilich nur noch recht bescheidene Laufleistungen. Bild: Dr. Florian Hofmeister

und nirgends waren deutschen Dampflokomotiven solche Leistungen abverlangt worden wie auf dieser Magistrale. Für die aufwendig neubekesselten 18^6 und 03^{10} ergab sich schon 1965/66 keine Verwendungsmöglichkeit mehr. Die 01 und 03 wurden gleichzeitig in großen Zahlen abgestellt und ausgemustert. Als 1968 auch die Strecken Osnabrück–Bremen–Hamburg und Hamm–Minden–Hannover unter Draht gingen, war es mit der Dampfbespannung von Schnellzügen bei der DB schon so gut wie vorbei. Zwar gab es durchaus noch großrädrige Dampfloks, aber sie bespannten wie etwa die 003 (ex 03) in Norddeutschland, im Rheinland und zuletzt zwischen Ulm und Friedrichshafen fast nur noch Eil- und Personenzüge. Späte Schnellzugdampfstrecken waren:

- 001 (ex 01): Trier–Koblenz (bis 1972), Hof–Regensburg (bis 1971), Hof–Bamberg (bis 1973)
- 011 (ex 01^{10} Kohle): Rheine–Emden (bis 1973)
- 012 (ex 01^{10} Öl): Hamburg–Westerland (bis 1972), Rheine–Emden (bis 1975).

Reko-Loks in Halle
Im Bw Halle P steht die 02 0201 neben der 04 0022, nämlich der ebenfalls rekonstruierten und auf Ölfeuerung umgestellten 19 022. Bild: Dr. Florian Hofmeister

Der lange Abschied DR

Schnellzugdampfloks heute
Wir schlagen das letzte Kapitel auf, das von so manchem Wunder kündet, nämlich das Kapitel der aktiven Schnellzugdampflokomotiven im 21. Jahrhundert. Die unermüdliche und langjährige Arbeit nicht etwa „der Bahn“, sondern privater Vereine, ließ alte Schönheiten aus oftmals schrottreifem Zustand wieder auf die Strecke zurückkehren. Hier sehen wir die zur bayerischen S 3/6 Nr. 3673 rückverwandelte 18 478 in einer sonnigen Minute des ansonsten trüben 7. Februar 2004 in Lindau. Bild: Andreas Knipping

Viel komplizierter gestaltete sich die Verabschiedung der Dampflokomotive aus der Zugförderung und damit auch aus der Schnellzugbespannung in der DDR und in Berlin. Die sowjetischen Dieselloks erwiesen sich als reichlich schadanfällig und konnten die stärksten und modernsten Dampfloks kaum gleichwertig ersetzen. Bis 1977 erbrachten die kohlegefeuerten 01.20 (ex 01) und 01.15 (ex 01^5) auf der Strecke Dresden–Berlin Höchstleistungen. Auf der Strecke Leipzig–Berlin behielten 01.15 und 03.20 (ex 03) bis 1979 ebenfalls Schnellzugleistungen. Die 03.20 bewährte sich zuletzt u. a. auch auf den Strecken Berlin–Szczecin (bis 1975) und Dresden–Cottbus/Görlitz (bis 1978). Der 27. November 1977 wurde zum schwarzen Tag des späten Dampfbetriebes in Deutschland. Der Kessel der 01 1516 als Zuglok des D 567 Berlin–Leipzig explodierte beim Zwischenhalt in Bitterfeld. Sieben Menschen wurden getötet, 59 verletzt. Die anschließende Untersuchung ergab als Ursache den eindeutig schwersten Bedienungsfehler, den ein Dampflokpersonal begehen kann, nämlich die mangelnde Überwachung und Ergänzung des Wasserstandes im Kessel. Den Lokführer und den Heizer konnte man nicht mehr befragen.

1979 folgte für die Planwirtschaft der DDR die letztlich nie mehr zu bewältigende Katastrophe einer kräftigen Erhöhung des von der Sowjetunion festgelegten Ölpreises. Plötzlich hatte die Elektrifizierung wieder Hochkonjunktur und waren kohlegefeuerte Dampfloks hochgeschätzt, während Dieselloks und auch ölgefeuerte Dampfloks zu volkswirtschaftlichen Problemfällen wurden. Kohlegefeuerte 01.15 und 01.20 wurden noch nach Kräften weiterverwendet, im Schnellzugdienst zuletzt zwischen Magdeburg und Berlin 1982. Der ambitioniertestе Dienst deutscher Schnellzugdampflokomotiven fand in den späten 1970er-Jahren zwischen Stralsund und Berlin mit der ölgefeuerten 03.00 (ex 03^{10}) statt. Noch im Sommer 1977 wurden den Lokomotiven in sieben Umlauftagen täglich durchschnittlich 767 Laufkilometer abverlangt. In dem von einem beispiellosen Kälte- und Schneeeinbruch an der Ostsee geprägten Winter 1978/79 waren vier Umlauftage mit durchschnittlich 535 km pro Tag zu bedienen. Im Sommer 1979 fuhr man drei Tage mit durchschnittlich 598 km. Ende Mai 1980 endete dieser spektakuläre Dienst. Was blieb, waren noch einzelne Leistungen der 01.05 (ex 01^{5} Öl) auf der Strecke Saalfeld–Camburg und äußerstenfalls im Interzonenzugdienst Probstzella–Berlin bis 1982. Die Beförderung von Schnellzügen durch Dampflokomotiven in Deutschland, ein sicherlich bemerkenswertes Kapitel nationaler Technik- und Wirtschaftsgeschichte, fand ohne Feierlichkeiten und mediale Erwähnung ihren Abschluss.

Die Schnellzugdampflokomotive ist indes nicht tot. DB, DR und vor allem private Vereine von Eisenbahnfreunden bewahrten eine Vielzahl von Maschinen vor dem Schneidbrenner, reaktivierten desolate Lokomotivruinen zu voller Betriebstüchtigkeit und veranstalten fast vier Jahrzehnte nach dem Ende des Regelbetriebes erstaunliche Fahrten mit den Lokomotiven aus der Vergangenheit.

Abenddämmerung
Und nun will es Abend werden. Die späte Sonne vergoldet die Front der 01 2066. Ein Anblick zwischen München-Moosach und Laim im Dezember 2016. Bild: Andreas Knipping

Anhang

Seite 184–186:

Bespannungsabschnitte 1955

1955 war die Herrschaft der Dampflok zwischen Basel und Westerland noch ungebrochen. In beiden Teilen Deutschlands spielen Personen- und sogar Güterzugloks der Baureihen 23, 39 und 41 noch eine erhebliche Rolle. Während die DB schon auf wichtigen Strecken Bayerns und Württembergs elektrisch fährt, beginnt der Wechselstrombetrieb bei der DR erst 1955 wieder mit dem Abschnitt Halle–Köthen ganz bescheiden.

1955: SCHNELLZUGBESPANNUNG 03, 03^{10}, 17^{10}, 18^{0} UND $18^{4-5,\,6}$

DÄNEMARK
OSTSEE
NORDSEE
NIEDER-LANDE
DR
POLEN
DB
BELGIEN
LU
LUXEMBOURG
TSCHECHO-SLOWAKEI
FRANKREICH
SCHWEIZ
ÖSTERREICH
ITALIEN
BERLIN
PRAHA
Westerland
Niebüll
Flensburg
Gedser
Saßnitz
Bergen
Binz
Putbus
Husum
Kiel
Großenbrode Kai
Warne-münde
Stralsund
Kołobrzeg (Kolberg)
Eutin
Greifs-wald
Wol-gast
Wolgaster Fähre
Świnoujście (Swinemünde)
Cuxhaven
Neumünster
Wismar
Rostock
Lübeck
Güstrow
Anklam
Usedom
Norddeich
Wilhelm-shaven
Elmshorn
Hamburg-Altona
Ducherow
Emden
Bremer-haven-Lehe
Bad Kleinen
Neubrandenburg
Szczecin (Stettin)
Leer
Hamburg
Schwerin
Pasewalk
Buchholz
Groningen
Oldenburg
Bremen
Hagenow Land
Ludwigslust
Neustrelitz
Stargard
Lüneburg
Angermünde
Bassum
Soltau
Wittenberge
Lang-wedel
Uelzen
Salzwedel
Quaken-brück
Neustadt/Dosse
Amsterdam
Eberswalde
Salzbergen
Bentheim
Oldenzaal
Hengelo
Celle
Stendal
Lichtenberg
Amersfort
Wunstorf
Hannover
Lehrte
Oebisfelde
Ostbahnhof
Kostrzyn (Küstrin)
Utrecht
Gronau
Rheine
Osnabrück
Potsdam
Ahaus
Braunschweig
Schöneweide
Rotter-dam
Bünde
Löhne
Hildes-heim
Helmstedt
Frankfurt (Oder)
Rzepin (Reppen)
Arnhem
Coes-feld
Bielefeld
Börßum
Magdeburg
Nimwegen
Münster
Hameln
Elze
Jüterbog
Geldern
Emmerich
Goslar
Halber-stadt
Kleve
Recklinghausen
Dort-mund
Alten-beken
Kreiensen
Schöne-beck
Lübben
Guben
Hertogen-busch
Gelsenkirchen
Hamm
Bad Harzburg
Dessau
Lutherstadt Wittenberg
Holzminden
Eind-hoven
Oberhausen
Bochum
Paderborn
Northeim
Thale
Güsten
Köthen
Doberlug-Kirchhain
Cottbus
Duisburg
Unna
Soest
Sandersleben
Bitterfeld
Essen
Żagań (Sagan)
Schwerte
Göttingen
Krefeld
Mülheim
Hagen
Nordhausen
Delitzsch
Weert
Scherfede
Falkenberg
Wuppertal-Barmen
Halle
Venlo
Brilon
Eilenburg
Düssel-dorf
Wuppertal-Elberfeld
Sangerhausen
Mönchengladbach
Eichen-berg
Węgliniec (Kohlfurt)
Großkorbetha
Riesa
Köln-Mülheim
DB
Kassel
Leipzig
Maastricht
Köln
Weißenfels
Bischofs-werda
Löbau
Troisdorf
Weimar
Görlitz
Hbf Aachen
Süd
Siegen
Eisenach
Gößnitz
Dresden
Liège
Bonn
Au
Bebra
Marburg
Gotha
Erfurt
Jena
Bad Schandau
Flöha
Gera
Glauchau
Zittau
Karl-Marx-Stadt
Suhl
Werdau
Podmokly
Liberec (Reichen-berg)
Jünkerath
Wetzlar
Gießen
Saalfeld
Zwickau
Děčín
Meiningen
Reichenbach
Ústí
Probstzella
Chomutov
Friedberg
Aue
Niederlahnstein
Plauen
Flieden
Koblenz
Wiesbaden
Frankfurt (Main)
Hof
Adorf
Gerolstein
Coburg
Hanau
Gemünden
Lichtenfels
Karlovy Vary (Karlsbad)
Bingerbrück
Cheb (Eger)
Schweinfurt
Darm-stadt
Neuenm.-Wirsbg.
Bad Kreuznach
Mainz
Aschaffenbg.
Markt-redwitz
Mariánské Lázně (Marienbad)
Trier
Würz-burg
Bayreuth
Wiesau
Bamberg
Bad Münster
Worms
Lang-meil
Wiebelsbach-Heubach
Türkis-mühle
Weiden
Plzeň
Ludwigshafen
Altenglan
Lauda
Mannheim
Neustadt
Rothen-burg (o.T.)
Eberbach
Kaiserslautern
Thionville
Fürth
Saar-brücken
Germers-heim
Oster-burken
Nürnberg
Ans-bach
Hom-burg
Landau
Heidel-berg
Crails-heim
Furth i. Wald
Schwandorf
Bayerisch Eisenstein
Metz
P. Nord
Wörth
Bruchsal
Gunzen-hsn.
Heilbronn
Pirmasens
Pleinfeld
Mühlacker
Karlsruhe
Bietig-heim
Schwäbisch Hall
Regensburg
České Budějovice
Sarre-bourg
Rastatt
Treuchtlingen
Toul
Stutt-gart
Aalen
Straubing
Pforzheim
Ingol-stadt
Nancy
B-Baden
Nörd-lingen
Plattling
Gmünd
Strasbourg
Appenweier
Plochingen
Donau-wörth
Offenburg
Landshut
Horb
Tübingen
Passau
Neumarkt-Sankt Veit
Hausach
Augsburg
Ulm
Sigmaringen
Schärding
Colmar
Rottweil
Villingen
Buch-loe
Gelten-dorf
München
Linz
Memmingen
Tuttlingen
Ried
Simbach a. Inn
Mühldorf
Frei-burg
Donau-eschingen
Immendingen
Aulen-dorf
Wels
Mulhouse
Holz-kirchen
Rosenheim
Amstetten
Radolf-zell
Bad Wörishofen
Attnang-Puchheim
Belfort
Culmont Chaindrey
Müllheim
Friedrichs-hafen
Weil-heim
Bayrisch-zell
Freilassing
Singen
Hieflau
Salzburg
Basel
Schaffhausen
Konstanz
Kempten
Lindau
Leng-gries
Tegern-see
Kufstein
Olten
Immen-stadt
Ober-ammergau
Selzthal
Borschach
Berchtesgaden
Biel
Zürich
St. Margrethen
Bregenz
Wörgl
Garmisch-Partenkirchen
Bischofshofen
Stainach-Irdning
Ober-stdorf
St. Michael
Neuchâtel
Schwarzach St. Veit
BERN
Luzern
Feld-kirchen
Innsbruck
Arth-Goldau
Sargans
Chur
Davos
Brennero (Brenner)
Spittal-Millstättersee
Thun
Genève
Lausanne
Spiez
Klagenfurt
Villach
Göschenen
Montreux
St. Moritz
Martigny
Brig
Lugano
1955
Hauptstrecke
Nebenstrecke
elektrifiziert
Landesgrenzen
Grenze DDR
Strecke
planmäßige Schnellzugbespannung mit Baureihe 39
planmäßige Schnellzugbespannung mit Baureihe 41
planmäßige Schnellzugbespannung mit Baureihe 23
0
100 km

ɜite 187–189:

espannungsabschnitte 1961

n Vergleich 1955 hat sich
ei der DB 1961 viel zum
achteil der Dampflok
erändert. Von Basel und
assau bis ins Ruhrgebiet
ird nun elektrisch gefahren.
chnellzugbespannung mit
ampf ist in Baden-Würt-
mberg und Südbayern nun
chon selten geworden. Die
ächsten epochalen Ände-
ungen mit der Aufnahme
es elektrischen Betriebes
on Würzburg und Frankfurt
ach Hannover 1963, nach
remen 1964 und nach
Iamburg 1965 stehen bevor.
escheidener ist die Entwick-
ung bei der DR. Das nach
er Demontage 1946 seit
955 wieder erstandene
leine elektrifizierte Netz
wischen Magdeburg, Leipzig
ınd Weißenfels macht lange
)ampflokläufe von Rügen bis
ns Saale- und Elbetal noch
ange nicht entbehrlich.

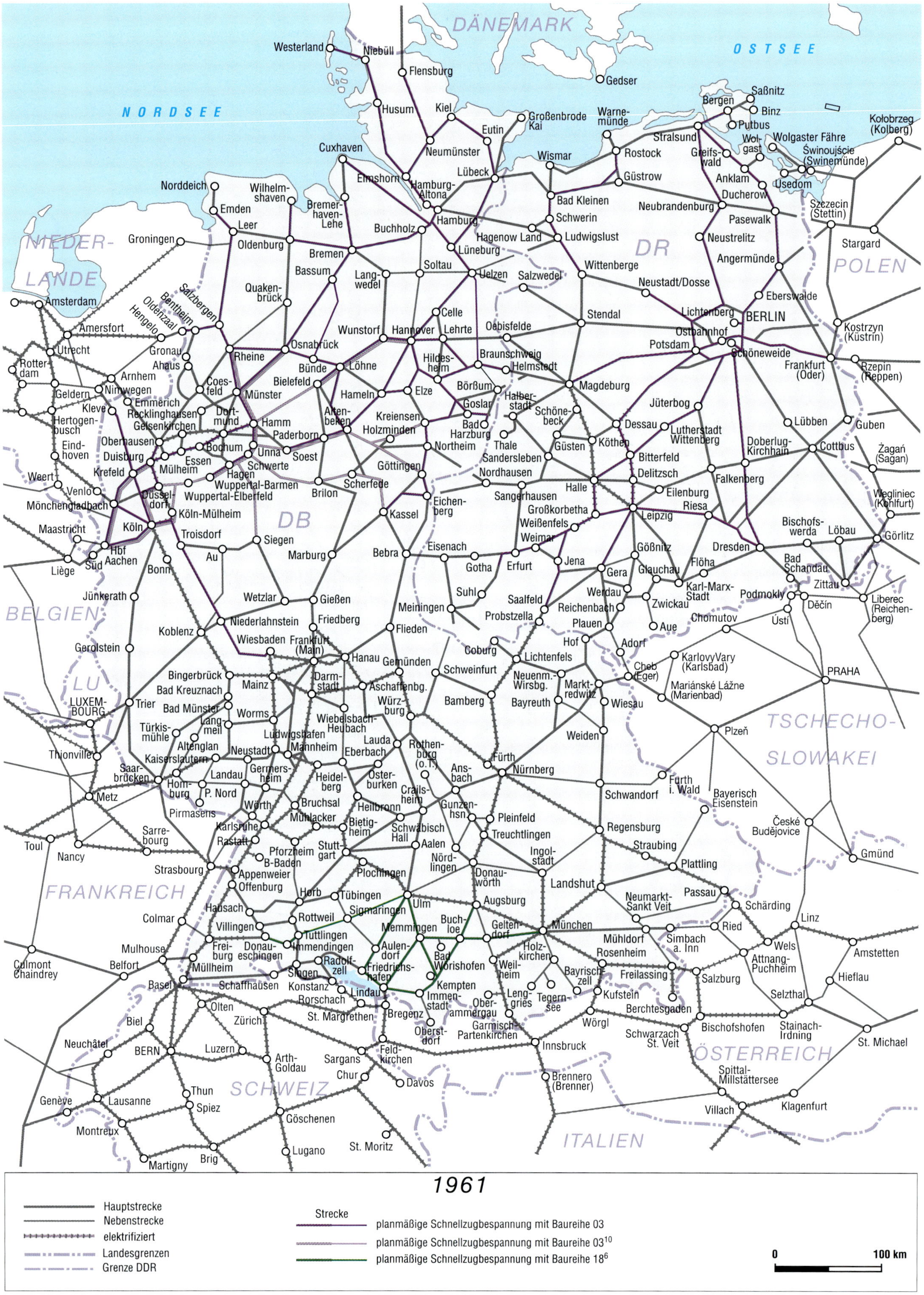
DÄNEMARK
OSTSEE
NORDSEE
NIEDERLANDE
BELGIEN
LUXEMBOURG
FRANKREICH
SCHWEIZ
ITALIEN
ÖSTERREICH
TSCHECHOSLOWAKEI
POLEN
DB
DR
Westerland
Niebüll
Flensburg
Gedser
Husum
Kiel
Eutin
Großenbrode Kai
Warnemünde
Saßnitz
Bergen
Binz
Putbus
Kołobrzeg (Kolberg)
Stralsund
Wolgast
Wolgaster Fähre
Greifswald
Świnoujście (Swinemünde)
Cuxhaven
Neumünster
Wismar
Rostock
Anklam
Usedom
Elmshorn
Hamburg-Altona
Lübeck
Güstrow
Ducherow
Norddeich
Wilhelmshaven
Emden
Bremerhaven-Lehe
Bad Kleinen
Neubrandenburg
Szczecin (Stettin)
Leer
Hamburg
Schwerin
Pasewalk
Groningen
Oldenburg
Buchholz
Hagenow Land
Ludwigslust
Stargard
Bremen
Lüneburg
Neustrelitz
Bassum
Soltau
Angermünde
Amsterdam
Quakenbrück
Langwedel
Uelzen
Salzwedel
Wittenberge
Neustadt/Dosse
Eberswalde
Salzbergen
Bentheim
Oldenzaal
Hengelo
Celle
Stendal
Lichtenberg
BERLIN
Amersfort
Wunstorf
Hannover
Lehrte
Oebisfelde
Ostbahnhof
Kostrzyn (Küstrin)
Utrecht
Gronau
Rheine
Osnabrück
Potsdam
Schöneweide
Rotterdam
Ahaus
Bünde
Löhne
Hildesheim
Braunschweig
Helmstedt
Frankfurt (Oder)
Rzepin (Reppen)
Arnhem
Coesfeld
Bielefeld
Münster
Hameln
Elze
Börßum
Magdeburg
Geldern
Nimwegen
Emmerich
Goslar
Halberstadt
Jüterbog
Kleve
Hertogenbusch
Recklinghausen
Dortmund
Hamm
Altenbeken
Kreiensen
Bad Harzburg
Schönebeck
Dessau
Lutherstadt Wittenberg
Lübben
Guben
Gelsenkirchen
Paderborn
Holzminden
Eindhoven
Oberhausen
Bochum
Unna
Northeim
Thale
Güsten
Köthen
Doberlug-Kirchhain
Cottbus
Żagań (Sagan)
Duisburg
Essen
Soest
Sandersleben
Bitterfeld
Krefeld
Mülheim
Schwerte
Göttingen
Nordhausen
Delitzsch
Falkenberg
Weert
Hagen
Scherfede
Halle
Venlo
Wuppertal-Barmen
Wuppertal-Elberfeld
Brilon
Sangerhausen
Eilenburg
Węgliniec (Kohlfurt)
Düsseldorf
Mönchengladbach
Köln-Mülheim
Eichenberg
Großkorbetha
Riesa
Kassel
Leipzig
Köln
Maastricht
Troisdorf
Weißenfels
Bischofswerda
Löbau
Görlitz
Hbf
Aachen
Süd
Siegen
Eisenach
Weimar
Gößnitz
Dresden
Liège
Au
Marburg
Bebra
Gotha
Erfurt
Jena
Bad Schandau
Bonn
Gera
Glauchau
Flöha
Zittau
Jünkerath
Suhl
Karl-Marx-Stadt
Podmokly
Wetzlar
Gießen
Meiningen
Saalfeld
Werdau
Zwickau
Děčín
Liberec (Reichenberg)
Reichenbach
Ústí
Niederlahnstein
Friedberg
Probstzella
Plauen
Aue
Chomutov
Koblenz
Flieden
Gerolstein
Wiesbaden
Frankfurt (Main)
Hanau
Coburg
Hof
Adorf
Gemünden
Lichtenfels
Karlovy Vary (Karlsbad)
Schweinfurt
Cheb (Eger)
Bingerbrück
Darmstadt
Neuenmarkt-Wirsbg.
PRAHA
Bad Kreuznach
Mainz
Aschaffenbg.
Marktredwitz
Mariánské Lázně (Marienbad)
Trier
LUXEMBOURG
Bad Münster
Würzburg
Bamberg
Bayreuth
Wiesau
Worms
Langmeil
Türkismühle
Wiebelsbach-Heubach
Plzeň
Lauda
Weiden
Altenglan
Ludwigshafen
Mannheim
Neustadt
Rothenburg (o.T.)
Thionville
Kaiserslautern
Eberbach
Fürth
Germersheim
Saarbrücken
Landau
Osterburken
Ansbach
Nürnberg
Homburg
Heidelberg
Crailsheim
Furth i. Wald
P. Nord
Metz
Schwandorf
Bayerisch Eisenstein
Bruchsal
Wörth
Heilbronn
Pirmasens
Gunzenhsn
Mühlacker
Bietigheim
Pleinfeld
Karlsruhe
Schwäbisch Hall
Regensburg
České Budějovice
Sarrebourg
Rastatt
Treuchtlingen
Toul
Aalen
Nancy
Straubing
Pforzheim
Stuttgart
Ingolstadt
Gmünd
Strasbourg
B-Baden
Nördlingen
Plattling
Appenweier
Plochingen
Donauwörth
Offenburg
Landshut
Passau
FRANKREICH
Horb
Tübingen
Augsburg
Neumarkt-Sankt Veit
Schärding
Hausach
Ulm
Sigmaringen
Colmar
Rottweil
Memmingen
Buchloe
Geltendorf
München
Ried
Linz
Villingen
Tuttlingen
Mühldorf
Simbach a. Inn
Immendingen
Wels
Mulhouse
Freiburg
Donaueschingen
Aulendorf
Bad Wörishofen
Holzkirchen
Rosenheim
Amstetten
Culmont Chaindrey
Belfort
Radolfzell
Attnang-Puchheim
Müllheim
Friedrichshafen
Weilheim
Bayrischzell
Freilassing
Singen
Kempten
Salzburg
Hieflau
Basel
Schaffhausen
Konstanz
Lindau
Lenggries
Tegernsee
Kufstein
Rorschach
Immenstadt
Oberammergau
Selzthal
Olten
Berchtesgaden
Zürich
St. Margrethen
Bregenz
Garmisch-Partenkirchen
Wörgl
Stainach-Irdning
Biel
Oberstdorf
Bischofshofen
Schwarzach St. Veit
Neuchâtel
BERN
Luzern
Arth-Goldau
Feldkirchen
Innsbruck
St. Michael
Sargans
Chur
Davos
Brennero (Brenner)
Spittal-Millstättersee
Thun
Genève
Lausanne
Spiez
Villach
Klagenfurt
Göschenen
Montreux
St. Moritz
Lugano
Brig
Martigny
1961
Hauptstrecke
Nebenstrecke
elektrifiziert
Landesgrenzen
Grenze DDR
Strecke
planmäßige Schnellzugbespannung mit Baureihe 03
planmäßige Schnellzugbespannung mit Baureihe 03[10]
planmäßige Schnellzugbespannung mit Baureihe 18[6]
0
100 km

DÄNEMARK
OSTSEE
NORDSEE
NIEDER-LANDE
POLEN
DR
DB
BELGIEN
LUXEM-BOURG
FRANKREICH
TSCHECHO-SLOWAKEI
ÖSTERREICH
SCHWEIZ
ITALIEN
Westerland
Niebüll
Flensburg
Gedser
Saßnitz
Bergen
Binz
Putbus
Kołobrzeg (Kolberg)
Husum
Kiel
Großenbrode Kai
Warne-münde
Stralsund
Wol-gast
Wolgaster Fähre
Świnoujście (Swinemünde)
Eutin
Neumünster
Cuxhaven
Wismar
Rostock
Greifs-wald
Anklam
Usedom
Lübeck
Güstrow
Ducherow
Norddeich
Emden
Wilhelm-shaven
Elmshorn
Hamburg-Altona
Bremer-haven-Lehe
Bad Kleinen
Schwerin
Neubrandenburg
Szczecin (Stettin)
Pasewalk
Hamburg
Hagenow Land
Ludwigslust
Neustrelitz
Stargard
Groningen
Leer
Oldenburg
Buchholz
Lüneburg
Bremen
Bassum
Lang-wedel
Soltau
Uelzen
Salzwedel
Wittenberge
Angermünde
Neustadt/Dosse
Eberswalde
Amsterdam
Quaken-brück
Celle
Stendal
Lichtenberg
BERLIN
Kostrzyn (Küstrin)
Amersfort
Salzbergen
Bentheim
Oldenzaal
Hengelo
Wunstorf
Hannover
Lehrte
Oebisfelde
Ostbahnhof
Potsdam
Utrecht
Gronau
Rheine
Osnabrück
Hildes-heim
Braunschweig
Helmstedt
Schöneweide
Frankfurt (Oder)
Rzepin (Reppen)
Rotter-dam
Ahaus
Arnhem
Bünde
Löhne
Nimwegen
Coes-feld
Bielefeld
Hameln
Elze
Börßum
Magdeburg
Geldern
Emmerich
Münster
Goslar
Halber-stadt
Jüterbog
Kleve
Recklinghausen
Gelsenkirchen
Dort-mund
Alten-beken
Kreiensen
Schöne-beck
Dessau
Lutherstadt Wittenberg
Lübben
Guben
Hertogen-busch
Hamm
Holzminden
Bad Harzburg
Oberhausen
Bochum
Paderborn
Thale
Güsten
Köthen
Doberlug-Kirchhain
Cottbus
Żagań (Sagan)
Eind-hoven
Duisburg
Essen
Unna
Soest
Northeim
Sandersleben
Bitterfeld
Weert
Krefeld
Mülheim
Schwerte
Göttingen
Nordhausen
Delitzsch
Hagen
Wuppertal-Barmen
Scherfede
Venlo
Düssel-dorf
Wuppertal-Elberfeld
Brilon
Halle
Eilenburg
Falkenberg
Węgliniec (Kohlfurt)
Mönchengladbach
Köln-Mülheim
Sangerhausen
Eichen-berg
Großkorbetha
Riesa
Maastricht
Köln
Kassel
Weißenfels
Leipzig
Bischofs-werda
Löbau
Görlitz
Troisdorf
Siegen
Weimar
Hbf Aachen Süd
Bebra
Eisenach
Gößnitz
Dresden
Liège
Au
Bonn
Marburg
Gotha
Erfurt
Jena
Gera
Glauchau
Flöha
Bad Schandau
Zittau
Suhl
Werdau
Karl-Marx-Stadt
Podmokly
Děčín
Liberec (Reichen-berg)
Jünkerath
Wetzlar
Gießen
Meiningen
Saalfeld
Reichenbach
Zwickau
Ústí
Probstzella
Chomutov
Koblenz
Niederlahnstein
Friedberg
Fulda
Plauen
Aue
Gerolstein
Wiesbaden
Frankfurt (Main)
Hanau
Gemünden
Coburg
Hof
Adorf
Lichtenfels
Karlovy Vary (Karlsbad)
Bingerbrück
Darm-stadt
Schweinfurt
Cheb (Eger)
PRAHA
Mainz
Aschaffenbg.
Neuenm.-Wirsbg.
Markt-redwitz
Bad Kreuznach
Mariánské Lázně (Marienbad)
Trier
Bad Münster
Wiesau
Bamberg
Bayreuth
Würz-burg
Worms
Wiebelsbach-Heubach
Türkis-mühle
Lang-meil
Ludwigshafen
Mannheim
Lauda
Weiden
Plzeň
Altenglan
Eberbach
Rothen-burg (o.T.)
Fürth
Thionville
Kaiserslautern
Neustadt
Nürnberg
Saar-brücken
Landau
Germers-heim
Heidel-berg
Oster-burken
Ans-bach
Furth i. Wald
Hom-burg
P. Nord
Crails-heim
Schwandorf
Bayerisch Eisenstein
Metz
Pirmasens
Wörth
Bruchsal
Heilbronn
Gunzen-hsn.
Pleinfeld
Karlsruhe
Mühlacker
Bietig-heim
Schwäbisch Hall
Treuchtlingen
Regensburg
České Budějovice
Sarre-bourg
Rastatt
Pforzheim
Aalen
Ingol-stadt
Straubing
Toul
Nancy
B-Baden
Stutt-gart
Nörd-lingen
Plattling
Gmünd
Strasbourg
Appenweier
Plochingen
Donau-wörth
Landshut
Offenburg
Horb
Tübingen
Ulm
Augsburg
Neumarkt-Sankt Veit
Passau
Schärding
Hausach
Sigmaringen
Rottweil
Memmingen
Buch-loe
Gelten-dorf
München
Mühldorf
Simbach a. Inn
Ried
Linz
Colmar
Villingen
Tuttlingen
Immendingen
Rosenheim
Wels
Amstetten
Frei-burg
Donau-eschingen
Aulen-dorf
Holz-kirchen
Attnang-Puchheim
Mulhouse
Müllheim
Radolf-zell
Friedrichs-hafen
Bad Wörishofen
Weil-heim
Bayrisch-zell
Freilassing
Salzburg
Hieflau
Culmont Chaindrey
Belfort
Singen
Kempten
Leng-gries
Tegern-see
Kufstein
Selzthal
Basel
Schaffhausen
Konstanz
Lindau
Immen-stadt
Ober-ammergau
Berchtesgaden
Olten
Borschach
Bregenz
Garmisch-Partenkirchen
Wörgl
Bischofshofen
Stainach-Irdning
St. Michael
Biel
Zürich
St. Margrethen
Oberst-dorf
Schwarzach St. Veit
Neuchâtel
BERN
Luzern
Arth-Goldau
Sargans
Feld-kirchen
Innsbruck
Chur
Davos
Brennero (Brenner)
Spittal-Millstättersee
Thun
Lausanne
Genève
Spiez
Göschenen
Villach
Klagenfurt
Montreux
Lugano
St. Moritz
Martigny
Brig
1961
Hauptstrecke
Nebenstrecke
elektrifiziert
Landesgrenzen
Grenze DDR
Strecke
planmäßige Schnellzugbespannung mit Baureihe 22 (DR) und 39 (DB)
planmäßige Schnellzugbespannung mit Baureihe 41
planmäßige Schnellzugbespannung mit Baureihe 23 (DB) und 23¹⁰ (DR)
0
100 km

Die von den Länderbahnen beschafften Schnellzugdampflokomotiven im Überblick

Maßgeblich ist jeweils die Ausführung bei Inbetriebnahme ohne Berücksichtigung von Umbauten.

Gattung	Baujahre	DRB	Bauart	Stückzahl	Treibraddurchmesser (mm)	Höchstgeschwindigkeit (km/h)	Dienstgewicht ohne Tender	Kesseldruck (at)	Heizfläche (m²)	Heizfläche Überhitzer (m²)	Zahl der Tenderachsen	Wasservorrat (m³) (bei häufigster Tenderbauart)	Kohlevorrat (t)
Norddeutsche Bautraditionen													
pr S 1 Han	1884–1887	–	1B n2v	14	1.869	100	39	12	98	–	3	12	5/7
pr S 1	1885–1898	–	1B n2	260	1.980	90	41,3	12	93,95	–	3	12	5/7
pr S 2	1890/91	–	2B n2v	4	1.980	100	45,2	12	117,8	–	3	15	5
pr S 2	1892	–	2B n2	148	1.980	100	49	12	124,8	–	3	15	5
pr S 2 Wellrohrkessel	1892	–	2B n2v	1	1.960	100	51,5	14	104.15	–	3	15	5
pr S 3	1893–1904	13^{0}	2B n2v	1.027	1.980	100	50,4	12	117,8	–	3	15	5
pr S 5 Grafenstaden	1894, 1902/03	–	2B n4v	23	1.980	100	54	14	110	–	4	21,5	5/7
pr S 4	1898–1909	13^{5}	2B h2v	107	1.980	100	55	12	100,7/104,5	30,7/33,9	4	16	5
pr S 5^{1} Hannover	1900–1903	–	2B n4v	17	1.980	100	56,7	14	100	–	4	21,5	5/7
pr S 7 Hannover	1902–1906	–	2B1 n4v	159	1.980	100	62,9	14	163	–	4	30	6,5
pr S 7 Grafenstaden	1902–1905	–	2B1n4v	79	1.980	110	65	14/15/16	177/178	–	4	30	6,5
pr S 9 Kuhn/Wittfeld	1904	–	2B2 n3v	2	2.200	130	89,5	14	260	–	4	31,5	7
pr S 5^{2}	1905–1911	–	2B n2v	367	1.980	100	55,2	12	136,89	–	4	21,5	5/7
pr S 6	1906–1913	13^{10}	2B h2	584	2.100	110	60,7	12	136,9	40,3	4	21,5	7
pr S 9 Hannover	1908–1910	14^{0}	2B1 n4v	99	1.980	110	74,5	14	229,71	–	4	31,5	7
pr S 10	1910–1914	17^{0}	2C h4	202	1.980	110	79,5	12	154,6	52,9	4	31,5	7
pr S 10^{1} 1911	1911–1914	17^{10}	2C h4v	145	1.980	110	82,2	15	165,5	52,1	4	31,5	7
pr S 10^{1} 1914	1914–1916	17^{10}	2C h4v	92	1.980	110	84,1	15	163	58,5	4	31,5	7
pr S 10^{2}	1914–1916	17^{2}	2C h3	124	1.980	110	79,9	14	153	61,5	4	31,5	7
pr S 11	1918	–	1C2 h4v	7	2.140	100	88,7	16	182,9	55	4	27	8
EL P 3	1892	–	2B n2v	1	1.850	90	47,8	12	113,6	–	3	?	?
EL P 3	1894	–	2B n2	8	1.850	90	47,8	12	125	–	3	15	5
EL P 4	1895	–	2B n2v	6	1.850	90	47,9	12	125	–	3	15	5
EL S 3	1900/01	–	2B n2v	40	1.980	100	54	12	117,8	–	3	15	5
EL S 5	1902–1913	–	2B n4v	54	1.980	90	54	15	170	–	4	18	5
EL P 7	1902–1913	–	2C n4v	30	1.850	95	65,8	16	209	–	4	20	5
EL S 9	1906–1909	–	2C n4v	80	1.980	100	67,1	16	209	–	4	20	5
EL S 12	1909	–	2C1 h4v	8	2.040	100	82,2	15	200,2	38,5	4	21	6
EL S 10^{1}	1913–1915	–	2C h4v	17	1.980	110	82/84	15	165,5	52,1	4	31,5	7
meck	1864–1869	–	1B n2	20	1.820	?	?	7,3/8,7	?	–	3	?	?
old S 3	1903/04	13^{18}	2B n2v	6	1.980	95	52,2	12	119,4	–	4	20	5
old S 5^{2}	1909–1913	13^{18}	2B n2v	11	1.980	100	53,4	12	140,7	–	4	20	5
old S 10	1917	16^{0}	1C1 h2	3	1.980	100	73,9	14	145,8	41	4	20	5
LBE S 5	1907–1911	13^{0}	2B n2v	7	1.980	100	54,1	12	141,6	–	3	12	5
LBE S 10	1912	17^{1}	2C h4	5	1.980	110	71,7	12	143,7	42,2	3	16	5
LBE S 10^{2}	1913–1932	17^{3}	2C h3	10	1.980	110	78	14	141,1	53	3	16	5
Bayerische Bautraditionen													
Ostbahn A	1857/58	–	2A n2	12	1.828	?		6	83	–	3	7	4
Ostbahn A	1849	–	1A1 n2	12	1.828	?		6	80	–	3	7	4
Ostbahn B	1872/1875	–	1B n2	6	1.835	?		8/9	84/90	–	3	8,5	6
bay B IX	1874–1887	–	1B n2	104	1.870	90	33,6	10	87,7	–	3	10,5	5
bay B X	1890/91	–	1B n2v	14	1.870	90	43	12	99	–	3	12	5
bay B XI_{ZW}	1892/93	–	2B n2	39	1.870	90	50,4	12	116,2	–	4	18	6,5
bay B XI_{VERB}	1892–1900	–	2B n2v	100	1.870	90	51	13	116,8	–	4	18	6,5
bay AA I	1896	–	2aA1 n2v	1	1.860	90	51,5	13	116,8	–	3	14	5
bay C V	1899–1901	17^{3}	2C n4v	42	1.870	90	66,2	14	153	–	4	21	7
bay S $2/5_{VAUCL}$	1901	–	2B1 n4v	2	1.829	90	62,8	14	207,4	–	4	20,8	6
bay S 3/5 N	1903–1907	17^{4}	2C n4v	39	1.870	110	69,3	14	210,5	–	4	21	7
bay S 2/5	1904	14^{1}	2B1 n4v	10	2.000	110	68,6	16	205,5	–	4	21	7
bay S 3/5 H	1906–1911	17^{5}	2C h4v	30	1.870	110	71,9	16	159,5	33,9	4	21,8	7,5
bay S 2/6	1906	15^{0}	2B2 h4v	1	2.200	150	83,4	14	214,5	38	4	26	8
bay S 3/6 a, b, c, f	1908–1914	18^{4}	2C1 h4v	26	1.870	120	88,3	15	218,4	50	4	26,4	7,5/8
bay S 3/6 d, e	1912	18^{4}	2C1 h4v	18	2.000	120	91,6	15	219,1	50	4	32,5	8
bay S 3/6 h, i	1914–1918	18^{4}	2C1 h4v	35	1.870	120	92,3	15	219	55,6	4	26,4	8
bay S 3/6 k	1923/24	18^{4-5}	2C1 h4v	30	1.870	120	94	15	215	62	4	26,4/27,4	8,5
bay S 3/6 l, m, n, o	1926–1930	18^{5}	2C1 h4v	40	1.870	120	94,7-96,2	16	218,4	76,3	4	27,4/31,7	8,5
pfälz. (Namen)	1853–1864	–	2A n2	18	1.830	75	24,2	6,2–7,3	68,6–78,5	–	3	5,7	3,2
pfälz P 1II	1876	–	1B n2	6	1.855	90	34,8	10	78,4	–	2	7,5	3,5
pfälz P 1III	1880–1884	–	1B n2	9	1.855	90	34,3	10	79,2	–	3	10	3,8
pfälz P 2I	1891–1896	–	1B1 n2	22	1.855	90	47,7	12	92,2/106,8	–	3	12/14	4,7
pfälz P 3I	1898–1904	14^{1}	2B1 n2	12	1.980	100	59,6	13	168,2/171,3	–	3	16	6
pfälz P 3II	1900	–	2aB1 n2v	1	1.870	90	68	14	192,5	–	4	20	6,5
pfälz P 4	1905/06	–	2B1 n4v	11	2.010	120	74,3	15	181,3/223	–	4	20	6,5
pfälz S 3/6 g	1914	18^{4}	2C1 h4v	10	1.870	120	89,7	15	219	55,6	4	26,4	8

Gattung	Baujahre	DRB	Bauart	Stückzahl	Treibraddurchmesser (mm)	Höchstgeschwindigkeit (km/h)	Dienstgewicht ohne Tender	Kesseldruck (at)	Heizfläche (m²)	Heizfläche Überhitzer (m²)	Zahl der Tenderachsen	Wasservorrat (m³) (bei häufigster Tenderbauart)	Kohlevorrat (t)
Sächsische Staatsbahnen													
sä VI a	1856–1868	–	1A1 n2	31	1.830	?	30	7/7,5	85,9-87,1	–	2	?	?
sä VI	1860–1870	–	1B n2	41	1.830	85	32,5	8,5	83,9	–	2	?	?
sä VIII1	1870	–	2B n2	8	1.830	70	36,8	8,5	93,2	–	3	12	5
sä VI b V	1886–1890	–	1B n2v	14	1.875	85	43,2	12	102	–	3	12	5
sä VIII2	1891/1894	13^{70}	2B n2	20	1.875	85	49,4	10/12	123,5/121,6	–	4	16	5
sä VIII V1	1896/97	13^{71}	2B n2v	20	1.885	85	54,3	12	117,5	–	4	18	5
sä VIII V1	1900	13^{15}	2B n2v	12	1.885	90	56,8	12	129	–	4	18	5
sä X V	1900–1903	14^{2}	2B1 n4v	15	1.980	120	69,3	15	160,8	–	4	18	5
sä X H1	1909–1913	14^{3}	2B1 h2	18	1.980	100	70,1	12	171,7	47,1	4	18	5
sä XII H	1906	17^{6}	2C h4	6	1.885	100	73,3	12	146,1	43,8	4	21	7
sä XII HV	1908–1914	17^{7}	2C h4v	42	1.905	100	78,3	15	146,3	41	4	21	7
sä XII H1	1909	17^{8}	2C h2	7	1.885	100	72,7	12	177,7	47,1	4	21	7
sä XVIII H	1917/18	18^{0}	2C1' h3	23	1.905	100	93,5	14	215,8	72	4	31	6
sä XX HV	1918–1923	19^{0}	1D1 h4v	10	1.905	100	99,9	15	227	74	4	31	6
Württembergische Staatsbahnen													
VI	1854	–	2B n2	6	1.842	?	27,8	7	67,8	–	2	10	6
A	1858–1860	–	2B n2	6	1.842	?	27,8	7	67,8	–	2	10	6
B	1865–1868	–	2B n2	6	1.842	?	33	9	100,1	–	2	10	6
AD	1899–1907	13^{16}	2B n2v	98	1.800	100	45	14	129	–	3	15,5	5
ADh	1907–1909	13^{17}	2B h2	17	1.800	100	46,3	12	135,9	31,3	3	15,5	5
C	1909–1921	18^{1}	2C1 h4v	41	1.800	120	76,3	15	261/273	53/65	4	20/30	6/10
Badische Staatsbahnen													
III a/b/c	1844/45	–	1A1	22	1.830	?	19/20	5,3	63/76	–	3	5,4	3,5
VIII	1847/48	–	1A1	9	1.830	?	21	6	63,7	–	3	5,4	3,5
I c	1856	–	2A n2	3	1.890	47	25,2	7	74,2	–	2	5,1	?
IX	1854–1863	–	2A n2	18	2.134	46	27,9	7	82,8	–	3	5,4	?
III a	1861–1875	–	2B n2	90	1.830	60	31,6	8/9	81,5/82,9	–	2	5,7-8	?
II a	1888–1890	–	2B n2	24	1.860	90	45,4	10	119	–	3	11/12	?
II b	1891	–	2B n2	10	1.860	90	46,9	10	121,5	–	3	12	?
II c	1892–1900	–	2B n2	35	2.100	90	45,7	12	102,6	–	4	15	5
II d	1902/05	–	2B1 n4v	18	2100	110	75,7	16	210	–	4	20	7
IV f	1907–1912	18^{2}	2C1 h4v	35	1.800	100	88,3	16	208,7	50	4	20	7
IV h	1918–1920	18^{3}	2C1 h4v	20	2.100	140	96,9	15	224,8	77,6	4	29,5	9
Letzte preußische Personenzuglok mit großer Bedeutung für den Schnellzugdienst													
P 10	1922–1927	39	1D1 h3	260	1.750	110	?	14	217	82	4	31,5	7

Dampfzug mit der S 3/6
Die ideale Streckenaufnahme vom sorgfältig ausgewählten Hügel ist genauso wenig zu verachten wie die Mitfahrt in einem Dampfzug, hier erlebt am 10. September 2011 hinter der mit Teleobjektiv betrachteten bayerischen Königin 3673 auf der Strecke München–Lindau.

Die von der Deutschen Reichsbahn und der Deutschen Bundesbahn beschafften und umgebauten Schnellzugdampflokomotiven und die für den Schnellzugdienst relevanten Personen- und Güterzugloks Maßgeblich ist jeweils die Ausführung bei Inbetriebnahme ohne Berücksichtigung von Umbauten

Baureihe	DB EDV	DR EDV	Baujahre	Bauart	Stückzahl	Treibraddurchmesser (mm)	Höchstgeschwindigkeit (km/h)	Kesseldruck (at)	Dienstgewicht ohne Tender (t)	Verdampfungsheizfläche (m²)	Heizfläche Überhitzer (m²)	Zahl der Tenderachsen (bei häufigster Tenderbauart)	Wasservorrat (m³)	Kohlevorrat (t)
Deutsche Reichsbahn 1920–1945														
02	–	–	1925/26	2C1 h4v	10	2.000	130	16	113	238	100	4	32	10
01	001	01.20	1926–1938	2C1 h2	240	2.000	120/130	16	109/111	238/247	100/85	4	34	10
03	003	03.20	1930–1937	2C1 h2	298	2.000	130/140	16	99/103	202,2/203,6	70/72,2	4	34	10
04	–	–	1932	2C1 h4v	2	2.000	130	25	109	188,6/206,8	88/85,6	4	32	10
05	–	–	1935	2C2 h3	2	2.300	175	20	130	256	90	5	37	10
61	–	–	1935	2C2 h2t	1	2300	175	20	129	152	69,2	–	17	5
41	041	41	1936–1940	1D1 h2	366	1.600	90	16	102	203,1	72,2	4	30/32/34	10
05	–	–	1937	2C2 h3 (Kst)	1	2.300	175	20	125	228	82	5	35	10
06	–		1939	2D2 h3	2	2.000	140	20	142	289	132,5	5	38	10
61	–	–	1939	2C3 h3t	1	2300	175	20	146	150	69,2	–	21	6
01^{10}	011/012	–	1939/40	2C1 h3	55	2.000	150	16	114	246,9	86	5	38	10
03^{10}	–	03.00	1939/40	2C1 h3	60	2.000	150	16	103	203,4	72,2	4	34	10
19^{10}	–	–	1941	1D01 h8	1	1.250	175	20	110	240	109,9	5	37	10
Deutsche Bundesbahn														
23	023	–	1950–1959	1C1 h2	105	1.750	110	16	82,8	156,3	73,8	4	31	8
10	–	–	1957	2C1 h3	2	2.000	140	18	119	216,4	105,7	4	40	12,5
Deutsche Reichsbahn nach 1945														
23^{10}	–	35	1956–1959	1C1 h2	113	1.750	110	16	110	159,6	68,5	4	28	7
Großumbauten DB und DR 1953–1965														
Deutsche Bundesbahn														
01	001	–	1958–1961	2C1 h2	50	2.000	130	16	108,3	193	100	4	34	10
01^{10}	011/012	–	1953–1956	2C1 h3	54	2.000	140	16	110,8	206,5	96,1	5	38	10
03^{10}	–	–	1953–1956	2C1 h3	25	2.000	140	16	104,2	177,5	95,8	4	34	10
18^{5} › 18^{6}	–	–	1953–1956	2C1 h4v	30	1.870	120	16	100,3	195	72	4	31,7	9
Deutsche Reichsbahn														
01 › 01^{5}	–	01.05/15	1962–1965	2C1 h2	35	2.000	130	16	111	224,5	97,5	4	34	10
03	–	03.20	1969–1975	2C1 h2	52	2.000	130	16	101	206,3	83,8	4	34	10
03^{10}	–	03.00/10	1959	2C1 h3	16	2.000	140	16	104	206,3	83,8	4	34	10
61 › 18	–	02.00	1961	2C1 h3	1	2.300	175	16	113,6	206,3	83,8	4	34	10
18 314	–	02.00	1961	2C1 h4v	1	2.100	150	16	105	199,5	80	4	34	10
19	–	04	1964/65	1D1 h4v	2	1.905	120	16	107,7	206,3	83,8	4/5	34/38	10
39 › 22	–	39	1958–1962	1D1 h3	85	1.750	110	16	107,5	206,3	83,6	4	34	10

„Re-Enactment" auf Schienen
Ein denkwürdiger Höhepunkt allen Dampfsonderfahrtwesens war die Fahrt der 01 1066 am 26. April 2015 mit einer blauen F-Zug-Garnitur entsprechend dem genau 50 Jahre zuvor gültigen Fahrplan des „Roland" von Frankfurt nach Kassel und zurück. Man fuhr pünktlich.